职业教育电子信息类专业系列教材

电子电路分析与项目制作

甘海琴　主　编

陈延莉　陈石平　禹　涛　副主编

電子工業出版社
Publishing House of Electronics Industry
北京·BEIJING

内 容 简 介

本书采用项目化方式编写，精心设计了 15 个项目，内容包括电路基础、模拟电路、综合应用和扩展应用 4 部分，涉及硬件有电阻、电容、二极管、三极管、集成运算放大器、NE555、单片机等。本书的特色在于，将电路基本理论知识、电路分析知识嵌入各个项目，通过一系列由简单到复杂的电路制作与调试进行电路分析知识的学习。

本书适用于嵌入式技术应用、物联网技术、自动化控制、工业机器人等相关专业学生，也可以作为相关领域技术人员的学习参考用书。

图书在版编目（CIP）数据

电子电路分析与项目制作 / 甘海琴主编. -- 北京：
电子工业出版社，2024. 9. -- ISBN 978-7-121-48926-6

Ⅰ．TN710

中国国家版本馆 CIP 数据核字第 2024B5P987 号

责任编辑：李　静

印　　刷：三河市君旺印务有限公司
装　　订：三河市君旺印务有限公司
出版发行：电子工业出版社
　　　　　北京市海淀区万寿路 173 信箱　　邮编：100036
开　　本：787×1092　　1/16　　印张：15　　字数：336 千字
版　　次：2024 年 9 月第 1 版
印　　次：2025 年 5 月第 2 次印刷
定　　价：46.80 元

凡所购买电子工业出版社图书有缺损问题，请向购买书店调换。若书店售缺，请与本社发行部联系，联系及邮购电话：（010）88254888，88258888。

质量投诉请发邮件至 zlts@phei.com.cn，盗版侵权举报请发邮件至 dbqq@phei.com.cn。

本书咨询联系方式：（010）88254604，lijing@phei.com.cn。

前　言

党的二十大报告指出，推动战略性新兴产业融合集群发展，构建新一代信息技术、人工智能、生物技术、新能源、新材料、高端装备、绿色环保等一批新的增长引擎。

为贯彻落实党的二十大精神，以培养高素质技能人才助推产业和技术发展，建设现代化产业体系，编者依据新一代信息技术领域的岗位需求和院校专业人才目标编写了本书。

本书是编者多年教学经验的积累，也是广东科贸职业学院嵌入式技术专业师生共同努力的成果。本书通过一系列由简单到复杂的电路制作与调试，引导学生学习电子电路分析的基础知识和基本技能。

本书共设计了 15 个项目，内容包括电路基础、模拟电路、综合应用和扩展应用 4 部分。电路基础部分主要介绍欧姆定律、基尔霍夫定律和电路基础知识，模拟电路部分主要介绍二极管、三极管、集成运算放大器的功能及使用，综合应用部分主要介绍 NE555 集成电路、红外控制洗手器电路、单片机最小系统和单片机学习板电路，扩展应用部分主要介绍数字电压表电路、超声波测距电路、电风扇温度控制电路和音乐盒电路。在内容安排上，本书遵循由浅入深、循序渐进的原则，通过生动的实例和丰富的实践环节，帮助学生理解和掌握电子电路原理及应用。

本书具有丰富的教学资源，如 PPT、Proteus 电路仿真文件、教学视频、电路测试视频，综合应用电路的原理图、PCB 图及学银在线开放课程（扫描以下二维码进行登录学习）等，读者可从华信教育资源网获取。

在线开放课程

广东工程职业技术学院陈延莉老师负责项目 4、项目 5 的编写，广东科贸职业学院陈石平高级工程师负责项目 12、项目 13 的编写，广东科贸职业学院禹涛老师负责项目 14、项目 15 的编写，广东科贸职业学院甘海琴老师负责其他项目的编写和统稿工作。

本书得到了广东科贸职业学院信息学院钱英军教授、王磊副教授、朱冠良副教授的指导与支持，李烁瀚老师，李广清、黄凯儿等同学对课程项目制作予以了大力支持，在此均深表感谢；也感谢家人一直以来的大力支持。由于本书编写工作量大，难免有疏漏，敬请读者批评指正。如有问题，请发送邮件至 165616563@qq.com。

甘海琴

2024 年 6 月

目　录

模块 1　电路基础部分

模块 2　模拟电路部分

模块 1
电路基础部分

项目 1　电阻串/并联电路的焊接与测试

学习目标

◆ 认识电阻。
◆ 学习数字万用表的使用方法。
◆ 学习焊接技术。
◆ 学习电阻串/并联电路的特点与应用。

知识点脉络图

本项目知识点脉络图如图 1-1 所示。

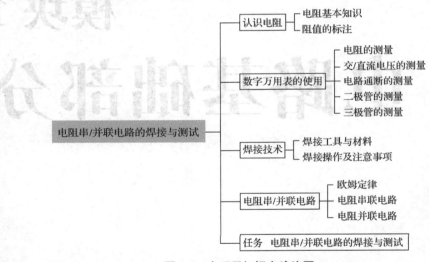

图 1-1　本项目知识点脉络图

相关知识点

◆◆ 1.1　认识电阻

电阻是耗能元件，它吸收电能并把电能转换成其他形式的能量。在电路中，电阻主要有分压、分流、负载等作用，用于稳定、调节、控制电压或电流的高低或大小。

1．电阻基本知识

电阻的符号为 R，电阻的单位有 Ω、kΩ、MΩ，它们之间的转换关系为

$$1M\Omega = 1000k\Omega = 1000000\Omega$$

电阻分为固定电阻和可调电阻，其符号与实物图如图 1-2 所示。

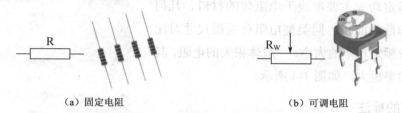

（a）固定电阻　　　　　　　　　　　　　　（b）可调电阻

图 1-2　固定电阻、可调电阻的符号与实物图

电阻按材料分为线绕电阻、碳合成电阻、碳膜电阻、金属膜电阻、金属氧化膜电阻等。电阻按功能分为以下几种。

- ◆ 热敏电阻：阻值随温度的变化而变化。
- ◆ 光敏电阻：阻值随光照强度的变化而变化。
- ◆ 磁敏电阻：阻值随通过磁通量密度的变化而变化。
- ◆ 湿敏电阻：阻值随湿度的变化而变化。
- ◆ 力敏电阻：阻值随受力大小的变化而变化，也叫压力电阻。
- ◆ 熔断电阻：在正常情况下具有普通电阻的功能，一旦电路出现故障，电流超过其额定值，它就会在规定时间内熔断，使电路开路，从而起到保护其他元器件的作用。

各类电阻及其实物图如图 1-3 所示。

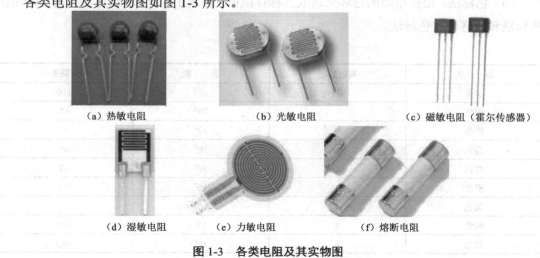

（a）热敏电阻　　　　　　（b）光敏电阻　　　　　　（c）磁敏电阻（霍尔传感器）

（d）湿敏电阻　　　　（e）力敏电阻　　　　（f）熔断电阻

图 1-3　各类电阻及其实物图

电阻的主要参数如下。

◆ 标称阻值：电阻体表面标注的阻值或表面色环表示的阻值。

◆ 允许偏差：大部分电阻的实际阻值都不等于标称阻值，两者之间的偏差允许范围即允许偏差。

◆ 额定功率：电阻长期连续工作允许承受的最大功率。除较大体积的电阻直接标注额定功率外，其他电阻几乎都不标注额定功率。电阻的额定功率主要取决于电阻体的材料、几何尺寸和散热面积，同类型电阻可采用尺寸对比来比较额定功率的大小。一般体积大的电阻，其额定功率也大，如图1-4所示。

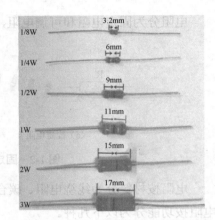

图1-4 相同材质、不同额定功率电阻的外形图

2. 阻值的标注

（1）直标法：把主要参数值直接标注在电阻体表面。如图1-5所示，该电阻的额定功率为5W，阻值为0.47Ω，J表示其允许偏差为±5%。

（2）单位标注法：电阻单位在小数点位置上，整数部分写在电阻单位的前面，小数部分写在电阻单位的后面。如图1-6所示，该电阻的阻值为4.7Ω。

图1-5 直标法　　　　　　　　　图1-6 单位标注法

（3）色标法：根据电阻的色环来读取其标称阻值，如表1-1所示。色标法分为四环电阻色标法和五环电阻色标法。

表1-1 色环表

颜　色	有效数字	乘　数	允许偏差/%
金色	—	10^{-2}	±10
银色	—	10^{-1}	±5
黑色	0	10^{0}	—
棕色	1	10^{1}	±1
红色	2	10^{2}	±2
橙色	3	10^{3}	—
黄色	4	10^{4}	—
绿色	5	10^{5}	±0.5
蓝色	6	10^{6}	±0.2

续表

颜　色	有效数字	乘　数	允许偏差/%
紫色	7	10^7	±0.1
灰色	8	10^8	—
白色	9	10^9	+5～20
无色	—	—	±20

① 四环电阻色标法：电阻体表面有 4 条色环，第 1、2 环代表有效数字，第 3 环代表 10 的幂次方，第 4 环代表允许偏差。如图 1-7 所示，第 1、2 环代表有效数字（红色代表数字"2"，黄色代表数字"4"，见表 1-1），即有效数字为"24"；第 3 环的黑色代表数字"0"，表示 10 的 0 次方，即 $10^0=1$，从而得阻值为 $24\Omega\times10^0=24\Omega$（第 3 环的颜色代表的数字可以理解为有效数字后面 0 的个数，黑色代表数字"0"，即 24 后"0"的个数为 0，从而为 24Ω）；第 4 环的棕色代表数字"1"，表示该电阻的允许偏差为±1%。

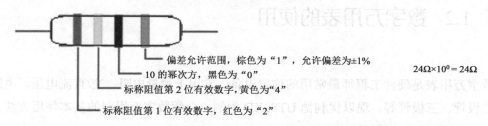

偏差允许范围，棕色为"1"，允许偏差为±1%

10 的幂次方，黑色为"0"

标称阻值第 2 位有效数字，黄色为"4"

标称阻值第 1 位有效数字，红色为"2"

$24\Omega\times10^0 = 24\Omega$

图 1-7　四环电阻色标法各色环介绍及阻值的读数

② 五环电阻色标法：电阻体表面有 5 条色环，第 1、2、3 环代表有效数字，第 4 环代表 10 的幂次方，第 5 环代表允许偏差。如图 1-8 所示，第 1、2、3 环代表有效数字（绿色代表数字"5"，蓝色代表数字"6"，黑色代表数字"0"），即有效数字为"560"；第 4 环的红色代表数字"2"，表示 10 的 2 次方，即 10^2 代表 100，从而得阻值为 $560\Omega\times10^2 = 56000\Omega = 56k\Omega$（第 4 环的颜色代表的数字也可以理解为有效数字后面 0 的个数，红色代表数字"2"，即 560 后"0"的个数为 2，从而为 56000Ω）；第 5 环的银色代表允许偏差为±5%。

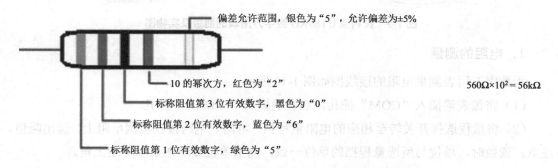

偏差允许范围，银色为"5"，允许偏差为±5%

10 的幂次方，红色为"2"

标称阻值第 3 位有效数字，黑色为"0"

标称阻值第 2 位有效数字，蓝色为"6"

标称阻值第 1 位有效数字，绿色为"5"

$560\Omega\times10^2 = 56k\Omega$

图 1-8　五环电阻色标法各色环介绍及阻值的读数

随堂练习

阻值的识读：根据表 1-2 中的练习要求，读出阻值并填入相应单元格内。

表 1-2　阻值的识读

练习要求	阻　值	评分及心得体会
电阻体上标注 9R1		
电阻体上标注 4K7		
取一个四环电阻，按其色环读取阻值		
取一个五环电阻，按其色环读取阻值		

1.2　数字万用表的使用

数字万用表是硬件工程师最常用的仪器设备，常用于测量电阻、交/直流电压、电路通断、二极管、三极管等。现以优利德 UT89XD 为例，介绍数字万用表的基本使用方法，其面板及实物图如图 1-9 所示。

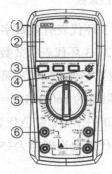

① 保护套
② 显示屏
③ 功能按键
④ 三极管测量四脚插孔
⑤ 量程选择开关
⑥ 测量输入端口

图 1-9　优利德 UT89XD 数字万用表的面板及实物图

1．电阻的测量

用数字万用表测量电阻的接线图如图 1-10 所示。

（1）将黑表笔插入"COM"插孔，红表笔插入"V/Ω/Hz"插孔。

（2）将量程选择开关转至相应的电阻量程挡，将两表笔跨接在被测电阻上，读出阻值。注意：读数时，单位与所选量程挡的单位一致，测量单位显示在显示屏左上角。

（3）电阻挡有"600Ω"、"6k"、"60k"、"600k"、"6M"和"60M"，共 6 挡，每一量程挡表示其可测电阻的最大值，大于该量程挡的电阻在该挡无法测量，显示屏的显示没有变化。

（4）测量电阻的步骤是先将量程选择开关调到最大量程挡，确定被测电阻的阻值范围；再选择大于且最接近该阻值的量程挡进行测量。

（5）请不带电测量，勿在通电电路中测量电阻，否则容易损坏数字万用表。

（6）请在表笔与被测电路的连接断开后更换量程挡。

2．交/直流电压的测量

用数字万用表测量交/直流电压的接线图如图 1-11 所示。

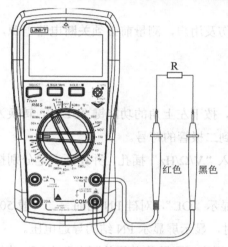
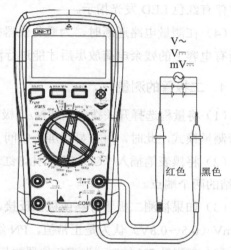

图 1-10　用数字万用表测量电阻的接线图　　图 1-11　用数字万用表测量交/直流电压的接线图

（1）将黑表笔插入"COM"插孔，红表笔插入"V/Ω/Hz"插孔。

（2）选择合适的交/直流电压量程挡，当被测电压未知时，可把量程选择开关调到最大量程挡，根据显示屏的显示选择合适的量程挡，读出所测电压。注意：读数的单位与所选量程挡的单位一致。

注意事项：

（1）如果显示屏显示"1"，则表明已超过量程范围。

（2）合适的量程挡是大于且最接近被测电压的挡位。

（3）在读数时，如果显示不稳定，则可取一个出现频率高的值或中间值。

（4）被测交流电压请勿超过 750V，直流电压请勿超过 1000V，否则会有烧坏仪表电路的危险。

（5）测量电压时，手不要触碰表笔导电部分，否则有触电危险，我国规定的安全电压在干燥环境下为 36V，在潮湿环境或特殊环境下为 12V。

（6）完成测量后，要断开表笔与被测电路的连接。

（7）读数时注意显示的小数点和左上角的单位。

3．电路通断的测量

（1）将量程选择开关转到测通断/二极管挡上。

（2）将黑表笔插入"COM"插孔，红表笔插入"V/Ω/Hz"插孔，并使两表笔分别接触被测的两个端点进行测量。

（3）如果被测的两个端点之间的阻值大于 51Ω，则认为电路断路，蜂鸣器无声；如果被测的两个端点之间的阻值小于或等于 51Ω，则认为这两个端点导通良好，蜂鸣器连续蜂鸣并伴有红色 LED 发光指示。

（4）在测量电路通断时，为避免仪器损坏和伤及用户，测量前必须关断电路电源，并将所有电容上的残余电荷放尽后才能进行测量。

4．二极管的测量

（1）将量程选择开关拨到测通断/二极管挡上，按下左上角的功能键"SEL"，转换为二极管测量模式，此时，可在显示屏正中间下方看到二极管的符号。

（2）将黑表笔插入"COM"插孔，红表笔插入"V/Ω/Hz"插孔，并使两表笔分别接触PN 结的两个端点。

（3）如果被测二极管开路或极性反接，则会显示"OL"，对硅 PN 结而言，一般 500～800mV（0.5～0.8V）认为是正常值，PN 结正偏时，显示屏显示 PN 结的导通电压。

（4）在测量 PN 结时，为避免仪器损坏和伤及用户，测量前必须关断电路电源，并将所有电容上的残余电荷放尽后才能进行测量。

5．三极管的测量

（1）将量程选择开关置于"hFE"挡。

（2）将被测三极管（PNP 型或 NPN 型）的基极（B）、发射极（E）、集电极（C）对应插入测试座，如果接线良好，则指示灯亮，显示屏上显示被测三极管的放大倍数。

关于数字万用表的其他功能，请参阅数字万用表使用说明书。

随堂练习

用数字万用表测量电阻：现有标称阻值为 100Ω、1kΩ、10kΩ、100kΩ 的 4 个电阻，先根据其表面色环读出其阻值，再选择合适的量程挡进行测量，并把所选量程挡和测量所得阻值填入表 1-3。

表 1-3　用数字万用表测量电阻

电阻	根据色环读出阻值	用数字万用表测量电阻		电阻测量总结（量程挡选择；测量读数注意事项；测量电阻注意事项）
		电阻挡	读出阻值（单位）	
100Ω				
1kΩ				
10kΩ				
100kΩ				

 ## 1.3　焊接技术

1．焊接工具与材料

　　焊接工具包括电烙铁、烙铁架、吸锡器、焊锡丝、松香、海绵等，具体如图 1-12 所示。电烙铁有内热式电烙铁和外热式电烙铁，内热式电烙铁发热体内嵌于电烙铁芯内，与电烙铁芯为一体，其发热快、发热效率高，但更换烙铁头成本也高；外热式电烙铁发热体安装在电烙铁芯外面，发热相对较慢，烙铁头较便宜。图 1-12 所示的电烙铁为外热式电烙铁。电子产品制作一般选用 30～35W 的电烙铁，也可选用大功率可调温电烙铁。

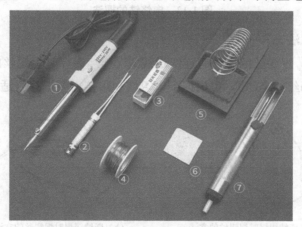

①—电烙铁；②—电烙铁芯；③—松香；④—焊锡丝；⑤—烙铁架；⑥—海绵；⑦—吸锡器。

图 1-12　常用焊接工具

　　焊锡丝又名锡线、锡丝，是由锡合金和助焊剂两部分组成的。锡合金成分有锡铅合金、锡铜合金、锡银合金、锡铋合金、锡镍合金等，常用焊锡丝有锡铅合金焊锡丝和含锡纯度比较高的无铅焊锡丝。将助焊剂均匀灌注到锡合金中间部位。焊锡丝种类不同，助焊剂也就不同，助焊剂用于提高焊锡丝在焊接过程中的辅热传导性能，去除氧化物，减小被焊接物表面张力，去除被焊接物表面的油污，增大焊接面积等。焊锡丝的线径有 0.3mm、0.5mm、0.6mm、0.8mm、1.0mm、1.2mm 等规格，电子产品制作一般选用 0.6mm 或 0.8mm 两种规格。

松香为助焊剂，用于去除被焊接物表面的氧化物，使焊锡更容易吸附在被焊接物表面，从而使焊接更牢固、轻松。

烙铁架用于放置电烙铁。海绵在焊接过程中使用时，以湿润但不滴水为最佳，用于清洗烙铁头上的氧化物。吸锡器用于电路修改或元器件拆卸，与电烙铁配合使用，当电烙铁把焊盘上的焊锡加热熔化时，用吸锡器把融化的焊锡吸走，帮助拆除元器件或电路连接。

2．焊接操作及注意事项

（1）电烙铁的握法。

如图 1-13 所示，电烙铁的握法有反握法、正握法和握笔法。对于电子电路的焊接，电烙铁相对小巧，比较常用握笔法；工业焊接使用正握法比较多。

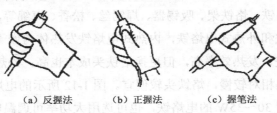

（a）反握法　　　（b）正握法　　　（c）握笔法

图 1-13　电烙铁的握法

（2）焊锡丝的拿法。

如图 1-14 所示，焊锡丝的拿法有连续送线式（连续锡焊时焊锡丝的拿法）和断续送线式（断续锡焊时焊锡丝的拿法），可根据个人习惯和焊接需要选择合适的拿法。

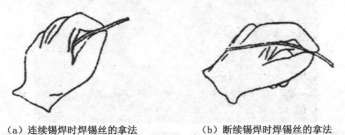

（a）连续锡焊时焊锡丝的拿法　　　　　（b）断续锡焊时焊锡丝的拿法

图 1-14　焊锡丝的拿法

（3）焊接操作。

焊接操作分为 5 步（5 步训练法，如图 1-15 所示），具体如下。

第 1 步，固定好焊点，准备好加热的电烙铁和焊锡丝。

第 2 步，把电烙铁放到焊盘上加热 1s 左右。

第 3 步，把焊锡丝紧靠电烙铁。

第 4 步，当焊锡丝熔化并铺满焊盘时，移去焊锡丝。

第 5 步，当焊点呈圆锥形时，从右上角方向移除电烙铁，焊接完成。

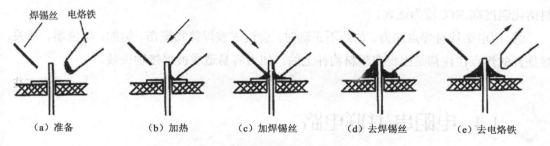

（a）准备　　　　（b）加热　　　　（c）加焊锡丝　　　　（d）去焊锡丝　　　　（e）去电烙铁

图 1-15　焊接操作的 5 步训练法

（4）电烙铁的养护。

电烙铁是主要的焊接工具，电烙铁的养护包括电源线的保护和烙铁头的养护。在电烙铁加热过程中，要检查其电源线是否远离电烙铁发热部分，否则电源线容易被烫坏，严重时会引起电路短路或人体触电。

对于烙铁头的养护，新的电烙铁在刚加热时，应立即在烙铁头表面涂上焊锡，以防其表面被氧化；当烙铁头变黑时，可将其在吸水的海绵上来回摩擦，去除烙铁头表面的氧化物，并及时涂上焊锡。

电烙铁长时间不用时，应及时断电，避免烙铁头长时间加热。当电烙铁使用一段时间后，烙铁头氧化严重而吸不上焊锡时，需要修整烙铁头。修整时先拔下电源线，等电烙铁冷却后，把烙铁头在砂纸布上均匀地打磨，以去除表层氧化膜。对于修整后的烙铁头，加热后应立即涂上焊锡，方法是在电烙铁通电前，先把焊锡丝绕在烙铁头周围，再给电烙铁通电，随着烙铁头温度的上升，焊锡丝熔化在烙铁头四周，从而保护烙铁头，防止被再次氧化。图 1-16 所示为常用电烙铁外形图。

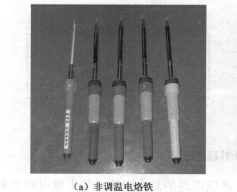

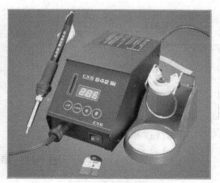

（a）非调温电烙铁　　　　　　　　　（b）可调温电烙铁

图 1-16　常用电烙铁外形图

（5）焊接注意事项。

① 掌握好加热时间，一般焊接2～3s，加热时间越短越好。

② 保持合适的温度，保持烙铁头在合适的温度范围内。一般经验是烙铁头的温度比焊料熔化温度高50℃较为适宜。

③ 用电烙铁对焊点加力、加热不正确时，会造成被焊接物损伤。例如，电位器、开关、接插件的焊点往往都是固定在塑料构件上的，加力容易造成被焊接物失效。

1.4 电阻串/并联电路

1. 欧姆定律

欧姆定律是指在同一电路中，通过导体的电流与导体两端的电压成正比，与导体的电阻成反比：

$$I = \frac{U}{R}$$

式中，I、U、R的单位分别是安培（A）、伏特（V）和欧姆（Ω）。当导体的R一定时，导体两端的电压升高为原来的几倍，通过导体的电流就增大为原来的几倍，即通过导体的电流与导体两端的电压成正比。当电压一定时，导体的电阻增大为原来的几倍，通过导体的电流就减小为原来的几分之一，即流过导体的电流与导体的电阻成反比。

2. 电阻串联电路

串/并联电路如图1-17所示。在图1-17（a）所示，R1和R2通过开关K串联，形成串联电路。

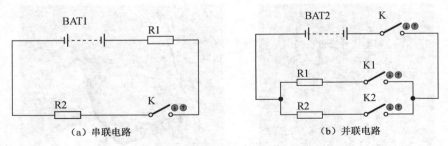

（a）串联电路　　　　　　　　　　　（b）并联电路

图1-17　串/并联电路

在串联电路中，流过各电阻的电流相同，串联电路的总电阻等于各串联电阻之和：

$$R_{总} = R_1 + R_2 + R_3 + \cdots$$

在串联电路中，由于流过各电阻的电流相同，因此电阻越大，其分得的电压越高。图 1-18 所示为电阻串联电路，根据欧姆定律，电路总电流 I 为

$$U = IR_{总} = I(R_1 + R_2)$$

$$I = \frac{U}{R_1 + R_2}$$

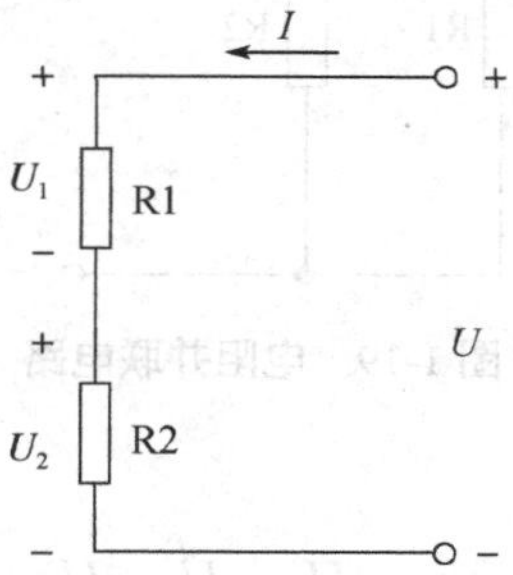

图 1-18　电阻串联电路

根据欧姆定律，R_1、R_2 两端的电压分别为

$$分压公式 \begin{cases} U_1 = IR_1 = \dfrac{U}{R_{总}} R_1 = \dfrac{R_1}{R_1 + R_2} U \\[3mm] U_2 = IR_2 = \dfrac{U}{R_{总}} R_2 = \dfrac{R_2}{R_1 + R_2} U \end{cases}$$

由串联电路分压公式可知，在串联电路中，电阻越大，其分得的电压越高；反之，电阻越小，其分得的电压越低。

串联电路小结：

◆ 两个电阻串联时，流过每个电阻的电流相同。

◆ 串联电路的总电阻等于各串联电阻之和。

◆ 串联电路的电阻越大，其分得的电压越高。

3. 电阻并联电路

如图 1-17（b）所示，R1 和 K1 串联，R2 和 K2 串联，两电路并联接于主干路。R1 与 K1 串联电路、R2 与 K2 串联电路分别称为并联支路。在并联电路中，并联电路两端电压相等，并联电路总电阻的倒数等于各并联支路电阻倒数之和：

$$\frac{1}{R_{总}} = \frac{1}{R_1} + \frac{1}{R_2} + \frac{1}{R_3} + \cdots$$

现以两个电阻并联的电路来分析并联电路各并联支路的分流情况。图 1-19 所示为电阻并联电路，R1 和 R2 两端电压均为 U，根据欧姆定律，流过 R1 和 R2 的电流分别为

$$I_1 = \frac{U}{R_1} \qquad I_2 = \frac{U}{R_2}$$

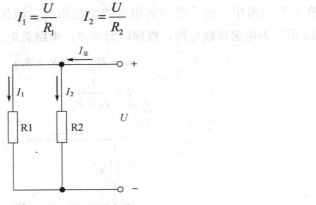

图 1-19　电阻并联电路

电路的总电流 $I_总$ 为

$$I_总 = \frac{U}{R_总} = \frac{U}{R_1} + \frac{U}{R_2}$$

即

$$\frac{1}{R_总} = \frac{1}{R_1} + \frac{1}{R_2} = \frac{R_2 + R_1}{R_1 R_2}$$

$$I_总 = \frac{R_1 + R_2}{R_1 R_2} U$$

$$U = \frac{R_1 R_2}{R_1 + R_2} I_总$$

$$\text{分流公式}\begin{cases} I_1 = \dfrac{U}{R_1} = \dfrac{R_2}{R_1 + R_2} I_总 \\[2mm] I_2 = \dfrac{U}{R_2} = \dfrac{R_1}{R_1 + R_2} I_总 \end{cases}$$

由并联电路分流公式可知，在并联电路中，并联支路电阻越大，分流越小；反之，并联支路电阻越小，分流越大。该情况也适用于多并联支路的并联电路。

并联电路小结：

- 在并联电路中，各并联支路的电压相等。
- 并联电路总电阻的倒数等于各并联支路电阻倒数之和。
- 在并联电路中，并联支路电阻越大，分流越小。

例 1-1　如图 1-20 所示，$R_1 = 100\Omega$，R2 是一个阻值为 300Ω 的可调电阻，当输入电压 U_1 为 12V 时，试计算输出电压 U_2 的变化范围。

【解】　可调电阻两端阻值的变化范围为 0～300Ω，当可调电阻的滑动端移到最下端时，

输出端的电阻为零，此时

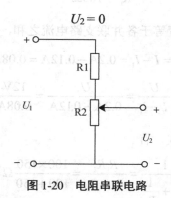

图1-20　电阻串联电路

当可调电阻的滑动端移动到最上端时，$R_2 = 300\Omega$，U_2 为 R_2 上的电压，此时电阻 R1 和 R2 串联，由分压公式得

$$U_2 = \frac{R_2}{R_1 + R_2}U_1 = \frac{300}{100 + 300} \times 12\text{V} = 9\text{V}$$

由以上分析可知，输出电压 U_2 的变化范围为 0～9V。

扩展思考： 对于此例题，如果电阻 R1 和可调电阻 R2 调换一下位置，那么输出电压 U_2 的变化范围是多少呢？

例 1-2　如图 1-21 所示，电路中的电压源电压 $U = 12\text{V}$，$R_1 = 100\Omega$，$R_2 = 300\Omega$。

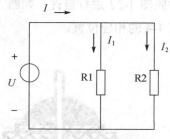

图1-21　电阻并联电路

（1）流过 R1 的电流 I_1 是多少？

（2）若想使电路的总电流 $I = 0.2\text{A}$，R_1 不变，则 R_2 应为多大？

（3）R_2 改变后，此电路的总电阻为多少？

【解】　（1）电阻 R1 和 R2 并联，其两端电压相等，等于 U，即

$$U = U_1 = U_2$$

根据欧姆定律可得

$$I_1 = \frac{U}{R_1} = \frac{12\text{V}}{100\Omega} = 0.12\text{A}$$

（2）由于并联电路的总电流等于各并联支路电流之和，即 $I=I_1+I_2$，因此有

$$I_2 = I - I_1 = 0.2\text{A} - 0.12\text{A} = 0.08\text{A}$$

$$R_2 = \frac{U}{I_2} = \frac{U}{I - I_1} = \frac{U}{0.2\text{A} - 0.12\text{A}} = \frac{12\text{V}}{0.08\text{A}} = 150\Omega$$

（3）根据并联等效电阻公式，有

$$R = \frac{1}{\dfrac{1}{R_1} + \dfrac{1}{R_2}} = \frac{R_1 R_2}{R_1 + R_2} = \frac{100 \times 150}{100 + 150}\Omega = 60\Omega$$

任务 电阻串/并联电路的焊接与测试

（1）在印制电路板（PCB）上焊接 10 个焊点，要求焊锡均匀平铺整个焊盘、高点与焊盘成一个圆锥形，如图 1-22（a）所示。图 1-22（b）所示的焊锡过多，相邻焊点容易粘连，造成短路。图 1-22（c）所示的焊锡过少，使得连接不够牢固，容易出现虚焊或电路连接不稳定等情况。焊接完成后，请对照图 1-22 进行自评，判断 10 个焊点大多数属于哪一类，并总结焊接的心得体会，填在表 1-4 的相应位置。

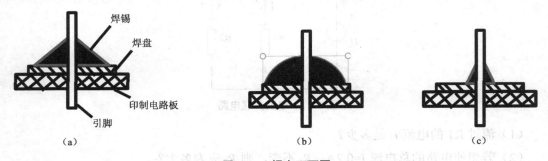

图 1-22 焊点正面图

表 1-4 焊点评分表

焊点评分	(a)	心得体会：
	(b)	
	(c)	

（2）在印制电路板上焊接如图 1-23 所示的电路，其中，$R_1=1\text{k}\Omega$，D1 为发光二极管（发

光二极管具有方向性），A、B 两点分别焊接两个排针。把红色鳄鱼线一端插入直流稳压电源正极（+），红色鳄鱼夹接在 A 点排针上；黑色鳄鱼线一端插入直流稳压电源负极（−），黑色鳄鱼夹接在 B 点排针上。

打开电源开关，观察发光二极管是否亮，并完成如表 1-5 所示的任务。

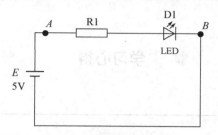

图 1-23　需要焊接的电路图

表 1-5　选择串联或并联 1 个电阻

任　　务	描述 （现有电阻：1kΩ、5.1kΩ、10kΩ）	具体操作 （并联电阻还是串联电阻？串/并联阻值是多少？ 说明操作理由，并实验验证）	备　　注
任务 1	增加 1 个电阻，使得 D1 最亮，需要怎么操作（电源电压不变）		
任务 2	增加 1 个电阻，使得 D1 最暗，需要怎么操作（电源电压不变）		

（3）所需元器件。

本任务所需元器件如表 1-6 所示。

表 1-6　本任务所需元器件

元 器 件	型号或规格	数　　量
印制电路板	—	1 块
电烙铁、镊子、焊锡丝等焊接工具	—	1 套
电阻	100Ω	1 个
	1kΩ	2 个
	5.1kΩ	1 个
	10kΩ	1 个
	100kΩ	1 个
发光二极管	二极管	1 个
排针	—	2 针
直流稳压电源	直流可调稳压电源 32V	1 个

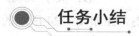

任务小结

◆ 电阻在电路中起限流、分压等作用。

◆ 在串联电路中，流过各电阻的电流相等；电路的总电阻等于各串联电阻之和；电阻越大，分压也越高。

◆ 在并联电路中，各并联支路电压相等；并联电路总电阻的倒数等于各并联支路电阻倒数之和，即并联电路总电阻小于任一并联支路电阻；并联支路电阻越大，分流越小。

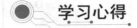

学习心得

课后练习

一、单选题

1. 如果电路中有两个用电器，则下列说法正确的是（   ）。

    A．闭合开关后，亮灯同时亮的一定是串联关系

    B．闭合开关后，亮灯同时亮的一定是并联关系

    C．闭合开关后，亮灯同时亮的可能是并联关系，也可能是串联关系

    D．条件不足，无法判定

2. 有 3 个电阻，阻值分别为 100Ω、200Ω、300Ω，若将它们串联起来，则其等效阻值（   ）。

    A．小于 100Ω B．在 $100\sim200\Omega$ 之间

    C．在 $200\sim300\Omega$ 之间   D．大于 300Ω

3. 有 3 个电阻，阻值分别为 100Ω、200Ω、300Ω，若将它们并联起来，则其等效阻值（   ）。

    A．小于 100Ω B．在 $100\sim200\Omega$ 之间

    C．在 $200\sim300\Omega$ 之间   D．大于 300Ω

4. 两个电阻 R1、R2，已知 $R_1>R_2$。在如图 1-24 所示的电路中，总电阻由大到小排列正确的是（   ）。

    A．甲>乙>丙>丁   B．甲>乙>丁>丙

C. 丙>甲>乙>丁   D. 丙>甲>丁>乙

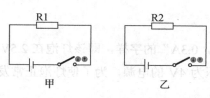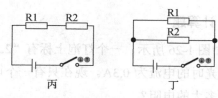

图 1-24　单选题 4 图

5. 二氧化物传感器能用于雾霾浓度的检测，它的原理是其电阻随雾霾浓度的增大而减小。若将二氧化物传感器接入如图 1-25 所示的电路中，则当二氧化物传感器所处空间的雾霾浓度增大时，电压表示数 U 与电流表示数 A 发生变化，下列说法正确的是（   ）。

     A. U 变小，A 变小

     B. U 变大，A 变大

     C. U 变大，A 变小

     D. U 变小，A 变大

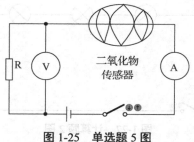

图 1-25　单选题 5 图

6. 关于学校教室电路，下列说法正确的是（   ）。

     A. 每多一个教室开灯，学校的干路总电流就会变大

     B. 每多一个教室开灯，学校的干路总电流就会变小

     C. 学校的灯都开时总电阻最大

     D. 学校的灯都不开时总电阻最小

7. 将电阻 R1 和 R2 串联在电源两端，测得总电阻为 50Ω，R1 两端电压为 6V，R2 两端电压为 4V，则 R_1=（   ）。

     A. 10Ω   B. 20Ω

     C. 30Ω   D. 40Ω

二、填空题

两只灯泡分别标有"5Ω，0.6A"和"10Ω，1A"的字样，如果把它们串联起来，则电路中两端允许施加的电压不能超过_____V；如果将它们并联起来，则干路中允许通

过的最大电流是_____A。

三、计算题

1. 如图 1-26 所示，一个灯泡上标有"2.5V，0.3A"的字样，即该灯泡在 2.5V 的电压下正常发光时的电流为 0.3A。现在只有一个电压为 4V 的电源，为了使灯泡正常发光，要串联一个多大的电阻？

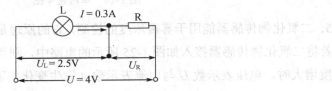

图 1-26   计算题 1 图

2. 如图 1-27 所示，在 5 个灯泡串联的电路中，除 L3 不亮外，其他 4 个灯泡都亮。当把 L3 从灯座上取下后，剩下 4 个灯泡仍都亮，问电路中有何故障？为什么？

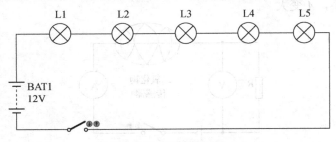

图 1-27   计算题 2 图

项目 2　指示灯电路的焊接与测试

学习目标

- ◆ 学习电路基本概念与基本物理量。
- ◆ 学习基尔霍夫定律。
- ◆ 学习电路中某点电位的计算及测量方法。

知识点脉络图

本项目知识点脉络图如图 2-1 所示。

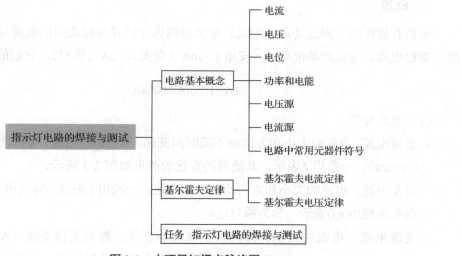

图 2-1　本项目知识点脉络图

相关知识点

2.1　电路基本概念

简单地说，电路是电流经过的路径，它是由金属导线、电源和元器件组成的回路。电路模型是对由实际元器件构成的电路进行抽象得出来的模型，俗称电路图或电路原理图，

图2-2（a）所示为手电筒实物电路图，图2-2（b）所示为抽象出来的手电筒电路原理图。

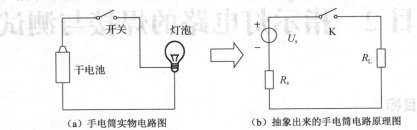

（a）手电筒实物电路图　　　　　　　（b）抽象出来的手电筒电路原理图

图2-2　手电筒实物电路图和抽象出来的电路原理图

电路由电源、负载、开关、导线等组成。电源是供应电能的设备；负载是用电设备，是消耗电能的，其作用是将电能转换为其他形式的能量；开关与导线称为中间环节，是连接电源和负载的部分，其作用是传输和控制电能。描述电路的物理量有电流、电压、电位、功率和电能等。

1. 电流

电荷有规律的定向运动形成电流。单位时间内穿过导体横截面的电荷量定义为电流强度，简称电流。电流的单位有 A（安培）、mA（毫安）、μA（微安），它们的换算关系为

$$1A=10^3mA=10^6\mu A$$

（1）电流分类。

◆ 直流电流：电流的大小和方向均不随时间变化，称为恒定电流，简称直流（DC，Direct Current），一般用 I 表示，其随时间变化的情形如图2-3所示。

◆ 时变电流：电流的大小和方向均随时间变化，一般用 i 表示。时变电流在某一时刻 t 的电流值用 $i(t)$ 表示，称为瞬时电流。

◆ 交流电流：电流的大小和方向以正弦周期变化，称为正弦交流（AC，Alternating Current）电流，一般也用 i 表示，其随时间变化的情形如图2-4所示。

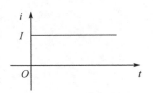

图2-3　直流电流随时间变化的情形

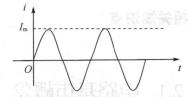

图2-4　正弦交流电流随时间变化的情形

（2）电流方向。

正电荷在电场力作用下的运动方向定义为电流方向。在实际应用中，电流方向是指从高电压处流向低电压处的方向。在电路中，一般用带箭头的线段表示电流方向。如图2-5所

示，箭头所指的方向为电路的电流方向，即由电源正极流出，经过内阻 R_s、开关 K 和负载 R_L 后流入电源负极。在对复杂电路进行电路分析时，需要设定电流参考方向，用带箭头的线段表示电流参考方向。如图 2-6 所示，I_1、I_2、I_3 旁边带箭头的线段分别表示相应支路的电流参考方向。

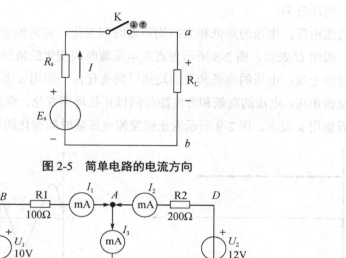

图 2-5　简单电路的电流方向

图 2-6　复杂电路的电流方向

在电路分析过程中，任意设定一个电流参考方向，用箭头在电路图上标出。此时，若求出的电流值为正，则电流的实际方向与参考方向相同；若求出的电流值为负，则电流的实际方向与参考方向相反。在图 2-7（a）中，求出电流 I_{ab}＝2A＞0，故电流的实际方向与参考方向一致，即实际电流由 a 流向 b；在图 2-7（b）中，求出电流 I_{ab}＝ −2A＜0，故电流的实际方向与参考方向相反，即实际电流由 b 流向 a。

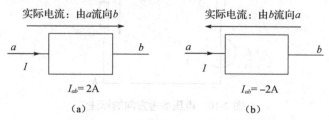

图 2-7　电流的实际方向与参考方向

2. 电压

单位正电荷 Q 在电场力作用下从 A 点移至 B 点，电场力做功的大小即 A、B 两点间的电压。A、B 两点间的电压也是该两点间的电位差。电压单位有 kV（千伏）、V（伏）、mV（毫伏）、μV（微伏），它们的换算关系如下：

$$1kV=10^3V=10^6mV=10^9μV$$

（1）电压分类。

- ◆ 直流电压：电压的高低和方向均不随时间变化，称为恒定电压或直流电压（DV），一般用 U 表示。图 2-8 所示为直流电压随时间变化的情形。
- ◆ 时变电压：电压的高低和方向均随时间变化，一般用 u 表示。
- ◆ 交流电压：电压的高低和方向随时间以正弦周期变化，称为正弦交流电压（AV），一般也用 u 表示。图 2-9 所示为正弦交流电压随时间变化的情形。

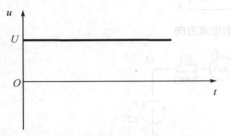

图 2-8　直流电压随时间变化的情形　　　图 2-9　正弦交流电压随时间变化的情形

（2）电压方向。

规定正电荷在电场力作用下移动的方向为电压方向，即从高电位指向低电位的方向。在分析复杂电路时，需要设定电压参考方向或参考极性，用"+"和"–"分别标注在电路图的相应点附近。如图 2-10 所示，标注了负载 R_L 的电压参考方向，若计算出的电压 $U_{ab}>0$，则表明 a 点电位比 b 点电位高；若计算出的电压 $U_{ab}<0$，则表明 a 点电位比 b 点电位低。

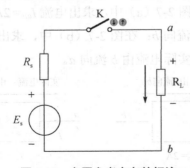

图 2-10　电压参考方向的标注

3. 电位

电位一般指电势，在电路中，某点的电位等于该点的电压与参考点的电压差。通常在电路中把电源负极（俗称"地"）作为参考点，参考点电位为零。在本书中，某点电位用 V

表示，如 a 点电位表示为 V_a。

电路中电位的高低可以参考水位高低来理解。如图 2-11 所示，左侧为相应深度水压示意图，右侧为相应位置电位图。以水桶的水平面为基准面，该水平基准面的水压为零，离水平基准面最近的 L 点的水压较低，离水平基准面远一些的 M 点的水压较高，离水平基准面更远的 N 点的水压最高。

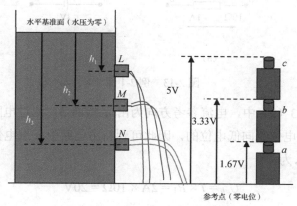

图 2-11　电路中各点电位值示意图

图 2-11 右侧所示的电位图是由图 2-12 简化而来的。在图 2-12 中，5V 电源给 3 个 5kΩ 电阻供电，3 个 5kΩ 电阻串联在电路中。由于串联电路中通过各电阻的电流相等，而各电阻的阻值相等，因此各电阻上的压降也相等，3 个电阻均分 5V 电压。a 点离参考点"地"（GND）最近，仅隔一个电阻 R1，故 a 点电位就是电阻 R1 的压降，$V_a = 5V \times (1/3) \approx 1.67V$；b 点离参考点"地"较远，经过两个电阻 R1 和 R2，故 b 点电位是 R1 和 R2 两个电阻的压降，$V_b = 5V \times (2/3) \approx 3.33V$；c 点离参考点"地"最远，经过电阻 R1、R2、R3，故 c 点电位是 R1、R2 和 R3 三个电阻的压降，$V_c = 5V \times (3/3) = 5V$。

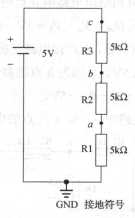

图 2-12　电路中各点的电位

某点的电位与参考点的选择有关，当该点电位比参考点电位高时，该点电位为正；当该点电位比参考点电位低时，该点电位为负。电路中如果有接地符号，则电路中与接地符号相接的点的电位为零，该点是整个电路的默认参考点。电路中如果没有接地符号，则默认电源负极为参考点，其电位为零。同一电路仅设一个参考点，参考点电位为零。

例 2-1 如图 2-13 所示，判断电路中 a、b 两点电位的高低，U_{ab} 为多少？

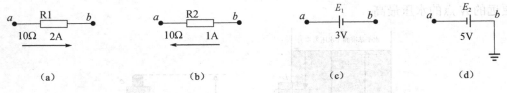

图 2-13 例 2-1 图

【解】 在图 2-13（a）中，电流参考方向为由 a 指向 b，流过电阻 R1 的实际电流为 2A，由于电流是由高电位流向低电位的，因此可判断出电路中 a 点电位比 b 点电位高，电阻 R1 两端的压降 U_{ab} 为

$$U_{ab} = I \times R_1 = 2A \times 10\Omega = 20V$$

即 a、b 两点间的电压 $U_{ab} = 20V$。

在图 2-13（b）中，电流参考方向为由 b 指向 a，流过电阻 R2 的实际电流为 1A，由于电流是由高电位流向低电位的，因此可判断出电路中 b 点电位比 a 点电位高，电阻 R2 两端的压降 U_{ab} 为

$$U_{ab} = -U_{ba} = I \times R_2 = 1A \times 10\Omega = 10V$$

即 a、b 两点间的电压 $U_{ab} = -U_{ba} = -10V$。

在图 2-13（c）中，a 点接电源正极，b 点接电源负极，电源负极默认为参考点，电位为零。由于电源电压是 3V，因此可判断出电路中 a 点电位比 b 点电位高 3V。

也就是说，a、b 两点间的电压 $U_{ab} = V_a - V_b = 3V - 0 = 3V$。

在图 2-13（d）中，a 点接电源负极，b 点接电源正极，由于电源电压是 5V，因此可判断出电路中 a 点电位比 b 点电位低 5V。又因为 b 点接参考点，所以 $V_b = 0$，从而 $V_a = -5V$，a、b 两点间的电压 $U_{ab} = V_a - V_b = -5V - 0 = -5V$。

例 2-2 如图 2-14 所示，求电路中 a、b、c 三点的电位（c 点为参考点）。

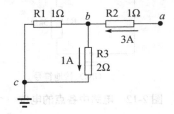

图 2-14 例 2-2 图

【解】在此电路中，由于 c 点为参考点，因此 c 点电位为零，即 $V_c = 0$。

b 点电位比 c 点电位高出电阻 R3 的压降，根据欧姆定律，得 $U_{bc} = I \times R = 1\text{A} \times 2\Omega = 2\text{V}$，即 b 点电位比 c 点电位高 2V，因此 $V_b = 2\text{V}$。

a 点电位比 b 点电位高出电阻 R2 的压降，根据欧姆定律，得 $U_{ab} = IR = 3\text{A} \times 1\Omega = 3\text{V}$，因此 a 点电位比 b 点电位高 3V，即 $U_{ab} = V_a - V_b = 3\text{V}$，从而

$$V_a = V_b + 3\text{V} = 2\text{V} + 3\text{V} = 5\text{V}$$

电位和电压的相同点与不同点如下。

（1）电位的单位与电压的单位一样，都是 V。

（2）某点的电位是该点到参考点的压差，参考点可任意选定，但在一个电路中，只能设定一个参考点，一般选择电源负极为参考点。参考点电位为零，故参考点也称零电位点。

（3）电路中两点之间的电压等于这两点的电位差。

（4）电路中某点的电位依据参考点的不同而不同，而两点之间的电压不随参考点的变化而变化。

4．功率和电能

功率是电路分析中常用的一个物理量，它表示单位时间电能做功的大小，是衡量电能做功能力的一个物理量，用符号 P 表示，单位有 W（瓦特）、kW（千瓦）、mW（毫瓦），它们的换算关系如下：

$$1\text{kW} = 1000\text{W} = 1000000\text{mW}$$

电器元件功率的计算公式为

$$P = IU$$

式中，U 为电器元件两端的电压；I 为流过电器元件的电流。当功率 $P > 0$ 时，该电器元件为消耗电能的用电设备；当功率 $P < 0$ 时，该电器元件为提供电能的电源。

电能是指在一定的时间内，电器元件吸收或提供的电能量，用符号 W 表示，单位是 J（焦耳），其计算公式如下：

$$1\text{J} = 1\text{W} \times 1\text{s}$$

表示功率为 1W 的用电设备在 1s 内消耗的电能为 1J。电能常用的单位为 kW·h。1kW·h 表示功率为 1kW 的用电设备在 1h 内消耗的电能：

$$1\text{kW} \cdot \text{h} = 3.6 \times 10^6 \text{J}$$

5．电压源

理想电压源是从实际电压源抽象出来的模型，在任意时刻，其两端电压的高低和方向都保持不变，即理想电压源电压不随外电路电流的变化而变化。图 2-15 所示为理想电压源符号，图 2-16 所示为理想电压源电压随时间变化的情形。

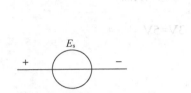

图 2-15　理想电压源符号

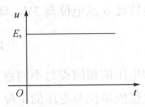

图 2-16　理想电压源电压随时间变化的情形

实际电压源有一定的内阻，可以用理想电压源串联一个内阻来代替实际电压源。如图 2-17 所示，该电路用理想电压源串联一个内阻来代替一个实际电压源，E_s 为理想电压源，R_s 为电源内阻，R_L 为负载。U_{ab} 为实际电压源对负载电路提供的供电电压，该电压随电路电流的变化而变化。

图 2-18 所示为实际电压源输出电压与电流关系图。当输出电流 i 发生变化时，内阻上的电压也发生变化。电路输出电压与流经电路的电流的关系表达式为 $U_{ab} = E_s - IR_s$。当流经外电路的电流为零（外电路开路）时，内阻压降为零，输出电压最高，为 E_s；随着电路电流的增大，内阻上的压降也增大，输出电压就降低；当外电路短路时，电路电流最大，输出电压最低，为零，电源短路，实际电压源的所有电压都加在内阻上，电压源发热明显，很容易被烧坏，因此此类情况要尽量避免。

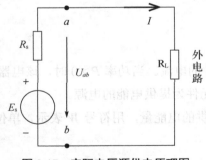

图 2-17　实际电压源供电原理图

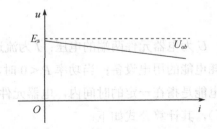

图 2-18　实际电压源输出电压与电流关系图

6．电流源

理想电流源是从实际电流源抽象出来的模型，任何一个实际电流源都可以用一个理想电流源并联一个电阻来代替。理想电流源符号如图 2-19 所示，该符号中的箭头标明了电流方向。理想电流源在任意时刻 t，输出电流的大小和方向均保持不变。理想电流源输出电流的大小由它本身决定，与理想电流源两端电压无关。理想电流源两端电压是由其本身的输出电流与外部电路共同决定的。理想电流源两端电压与输出电流的关系称为理想电流源的外特性，如图 2-20 所示。

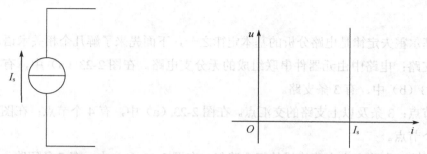

图 2-19　理想电流源符号　　　　　图 2-20　理想电流源的外特性

实际电流源可以由理想电流源并联内阻 R_o 来代替。如图 2-21 所示，虚线框为实际电流源，其对负载 R_L 的输出电流 $I_L = I_s - I_o$，输出电压 $U = I_o R_o$。

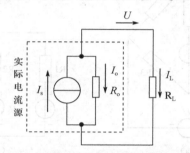

图 2-21　实际电流源用理想电流源并联内阻来代替

7．电路中常用元器件符号

电路中常用元器件有直流电压源、理想电压源、理想电流源、电阻、电感、二极管、三极管、电容、开关、稳压二极管，其符号如图 2-22 所示。

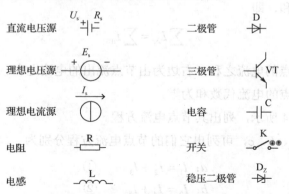

图 2-22　电路中常用元器件符号

2.2 基尔霍夫定律

基尔霍夫定律是电路分析的基本定律之一，下面先来了解几个相关术语。

支路：电路中由元器件串联组成的无分支电路。在图 2-23（a）中，有 6 条支路；在图 2-23（b）中，有 3 条支路。

节点：3 条及以上支路的交汇点。在图 2-23（a）中，有 4 个节点；在图 2-23（b）中，有 2 个节点。

回路：电路中由支路构成的闭合路径。在图 2-23（a）中，有 7 条回路；在图 2-23（b）中，有 3 条回路。

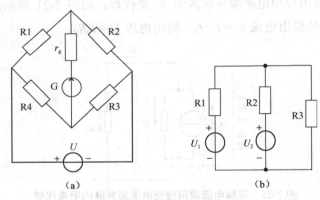

图 2-23　电路示例

1. 基尔霍夫电流定律

基尔霍夫电流定律（KCL）：对于电路中任一节点，在任一时刻流入其电流之和等于由该节点流出的电流之和，即

$$\sum I_入 = \sum I_出$$

式中，左边为流入节点的电流之和；右边为由节点流出的电流之和。基尔霍夫电流定律还可以描述为流经某节点的电流代数和为零。

例 2-3　如图 2-24 所示，列出其节点电流方程。

【解】对于节点 a、b、c，可列出它们的节点电流方程分别为

$$a: I_1 = I_2 + I_3 \qquad ①$$
$$b: I_2 = I_4 + I_5 \qquad ②$$
$$c: I_1 = I_3 + I_4 + I_5 \qquad ③$$

对于以上 3 个等式，把等式②代入等式①即得到等式③，因此，独立的节点电流方程

仅有等式①和等式②，共 2 个。对具有 n 个节点的电路来说，可以列出 $n-1$ 个独立的节点电流方程。

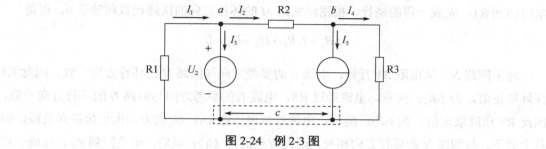

图 2-24　例 2-3 图

2．基尔霍夫电压定律

基尔霍夫电压定律（KVL）：对于电路中任一回路，任一环行方向的各段电压的代数和等于零。对它的另一种说法：在任一环行方向上，电动势的代数和等于电阻上压降的代数和，即

$$\sum U = 0 \text{ 或 } \sum E = \sum IR$$

在应用基尔霍夫电压定律列某一回路的电压方程时，首先要确定回路的环行方向，当回路中元器件的电压方向与环行方向一致时取正值，相反时取负值，这一规定对于电路中的电源也适用。

例 2-4　根据基尔霍夫电压定律，列出图 2-25 中回路 M 和回路 N 的电压方程。

【解】 回路 M 的电压方程为

$$I_1 R_1 + I_2 R_2 + U_2 - U_1 = 0$$

回路 N 的电压方程为

$$I_1 R_1 + I_3 R_3 - U_1 = 0$$

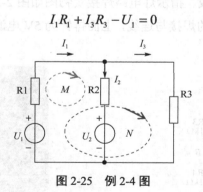

图 2-25　例 2-4 图

解题思路分析：

对于回路 M，从电阻 R1 开始，电流 I_1 的参考方向与回路 M 的环行方向一致，因此 R1 压降取正值，为 $I_1 R_1$；接着，电流经过 R2，电流 I_2 的参考方向与回路 M 的环行方向一致，因此 R2 压降取正值，为 $I_2 R_2$；随后，电流经过电压源 U_2，U_2 的方向由正极指向负极，即

从上到下，与回路 M 的环行方向一致，因此取正值；然后，电流经过电压源 U_1，U_1 的方向由正极指向负极，即从上到下，与回路 M 的环行方向相反，因此取负值（$-U_1$）；最后，电流回到 R1，完成一周的绕行。根据沿回路 M 的环行方向的压降代数和等于 0，可得

$$I_1R_1 + I_2R_2 + U_2 - U_1 = 0$$

对于回路 N，从电阻 R1 开始，电流 I_1 的参考方向与回路 N 的环行方向一致，因此 R1 压降取正值，为 I_1R_1；接着，电流经过 R3，电流 I_3 的参考方向与回路 N 的环行方向一致，因此 R3 压降取正值，为 I_3R_3；随后，电流经过电压源 U_1，U_1 的方向由正极指向负极，即从上到下，与回路 N 的环行方向相反，因此取负值（$-U_1$）；最后，电流回到 R1，完成一周的绕行。根据沿回路 N 的环行方向的压降代数和等于 0，可得

$$I_1R_1 + I_3R_3 - U_1 = 0$$

在应用基尔霍夫电压定律解题时，回路尽量不选择有电流源的支路；回路的环行方向可以自行任意设定，不会影响计算结果。

任务 指示灯电路的焊接与测试

1. 电路焊接

如图 2-26 所示，该电路由 R1、R2、R3、R4 经串、并联后，接指示灯 D1（也叫发光二极管，两引脚有方向）构成。指示灯电路焊接实物图如图 2-27 所示，在印制电路板中合理规划一定的位置进行电路的焊接与连线，上面排针为 5V 电源正极，下面排针为 5V 电源负极（俗称电源"地"）。

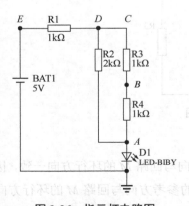

图 2-26 指示灯电路图

图 2-27 指示灯电路焊接实物图

2．电路测试

在图 2-26 中，5V 电源 BAT1 由直流稳压电源独立的 +5V 挡提供，红色电源线一端接直流稳压电源的 +5V，另一端夹在印制电路板 +5V 电源排针上；黑色电源线一端接直流稳压电源的地，另一端夹在印制电路板电源"地"排针上。连接完成并检查无误后，打开电源开关，如果指示灯 D1 亮，则表明电路连接成功。此时，把数字万用表调到直流电压挡（请思考该选择哪一挡），分别测量 A、B、C、D、E 点对电源"地"的电压即可得到 A、B、C、D、E 点的电位，这是为什么呢？

将测得的电压填入表 2-1。

表 2-1   指示灯电路测量记录

点 电 位	测 量 值	计 算 值	比较测量值与计算值，分析误差原因
V_A			
V_B			
V_C			
V_D			
V_E			

测量完成后，根据欧姆定律及电阻串/并联电路的特点计算出 A、B、C、D、E 点的电位，也填入表 2-1。（分析计算时，可设 D1 两端压降为 1.7V。）

3．所需元器件

本任务所需元器件如表 2-2 所示。

表 2-2   本任务所需元器件

元 器 件	型号或规格	数 量
印制电路板	—	1 块
电烙铁、镊子、焊锡丝等焊接工具	—	1 套
电阻	1kΩ	3 个
	2kΩ	1 个
排针	—	6 针
发光二极管	LED-BIBY	1 只
直流稳压电源	直流可调稳压电源	1 个

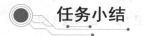

任务小结

- 学习了电路的基本概念。
- 学习了电流、电压的大小（高低）和方向的定义。
- 学习了功率和电能的定义。

◆ 学习了理想电压源、理想电流源的特点。

◆ 学习了基尔霍夫定律。

◆ 学习了电路中某点电位的定义和测量方法。

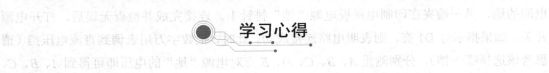

学习心得

_____

_____

_____

课后练习

1. 在电路中，当参考点改变时，下列物理量也相应改变的是（　　）。

    A. 电压　　　　　　　　　　　　B. 电动势

    C. 电位　　　　　　　　　　　　D. 以上三者皆是

2. 如图 2-28 所示，a、b 两点间的电压为（　　）。

    A. 2V　　　　　　　　　　　　B. 3V

    C. 5V　　　　　　　　　　　　D. 7V

图 2-28　练习题 2 图

3. 如图 2-29 所示，a、b 两点间的电压为（　　）。

    A. 2V　　　　　　　　　　　　B. 3V

    C. 5V　　　　　　　　　　　　D. 7V

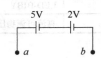

图 2-29　练习题 3 图

4. 关于 U_{ab} 与 U_{ba}，下列叙述正确的是（　　）。

    A. 两者大小相同，方向一致　　　　B. 两者大小不同，方向一致

    C. 两者大小相同，方向相反　　　　D. 两者大小不同，方向相反

5. 如图 2-30 所示，已知 $V_a>V_b$，下列说法正确的是（　　）。

    A. 实际电压方向为由 a 指向 b，$I>0$

    B. 实际电压方向为由 b 指向 a，$I>0$

    C. 实际电压方向为由 a 指向 b，$I<0$

    D. 实际电压方向为由 b 指向 a，$I<0$

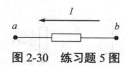

图 2-30　练习题 5 图

6. 如图 2-31 所示，方框内含有直流电压源及电阻等元器件，用电压表测得输出电路两端电压为零，这说明（　　）。

    A. 外电路短路   B. 外电路断路

    C. 外电路上的电流比较小   D. 电源内阻为零

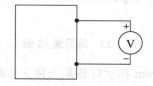

图 2-31　练习题 6 图

7. 某电源电动势 E 和内阻 r 的关系曲线如图 2-32 所示，根据曲线，以下正确的是（　　）。

    A. $E=10$V，$r=1\Omega$ B. $E=10$V，$r=0.5\Omega$

    C. $E=5$V，$r=1\Omega$ D. $E=5$V，$r=0.5\Omega$

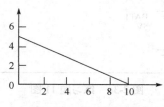

图 2-32　练习题 7 图

8. 当电路中电流的参考方向与真实方向相反时，计算出的电流（　　）。

    A. 一定为正值   B. 一定为负值

    C. 不能确定是正值还是负值   D. 只与电路分析有关

9. 理想电压源和理想电流源间（　　）。

    A. 有等效变换关系   B. 没有等效变换关系

    C. 有一定条件下的等效关系   D. 不清楚

10．如图 2-33 所示，以电源"地"为参考点，各点电位分别为（　　）。

A．V_a=4V　　V_b=8V　　V_c=12V

B．V_a=2V　　V_b=4V　　V_c=12V

C．V_a=2V　　V_b=6V　　V_c=12V

D．V_a=3V　　V_b=7V　　V_c=12V

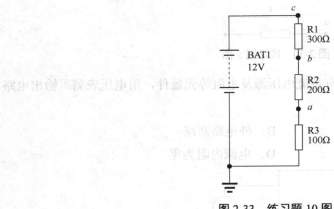

图 2-33　练习题 10 图

11．如图 2-34 所示，已知 3mm 指示灯长期正常工作时的压降为 1.8V，允许通过的最大电流为 10mA、最小电流为 0.5mA。

（1）该电路最多可以并联多少个 1kΩ 的电阻？D1 能正常工作吗？

（2）D1 能发光，可以串联的电阻的最大阻值是多少？

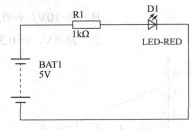

图 2-34　练习题 11 图

模块 2

模拟电路部分

项目 3　二极管和电容充/放电电路的焊接与调试

学习目标

◆ 学习电容相关知识，熟悉电容在电路中的应用。

◆ 学习 PN 结单向导电的原理和应用。

◆ 学习示波器的使用方法。

知识点脉络图

本项目知识点脉络图如图 3-1 所示。

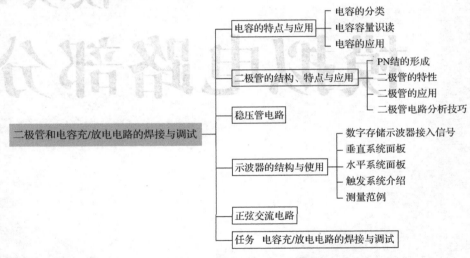

图 3-1　本项目知识点脉络图

相关知识点

3.1　电容的特点与应用

电容器简称电容，由两个导电极及其之间的介质组成。电容是储能元件，能根据外接电压的变化自行充电和放电，电容有隔离直流、导通交流的特性，在电路中常用于滤波、耦合、旁路、能量转换等。

电容用 C 表示，其符号如图 3-2 所示。其中，图 3-2（a）所示为普通无极性电容符号，图 3-2（b）所示为有极性电容符号，图 3-2（c）所示为可调电容符号；图 3-2（d）所示为预调电容符号。

电容单位是法拉（Farad），简称法，符号是 F，法拉这个单位太大，常用的电容单位有毫法（mF）、微法（μF）、纳法（nF）和皮法（pF），它们的换算关系为

$$1F = 1000mF = 1000000\mu F$$

$$1\mu F = 1000nF = 1000000pF$$

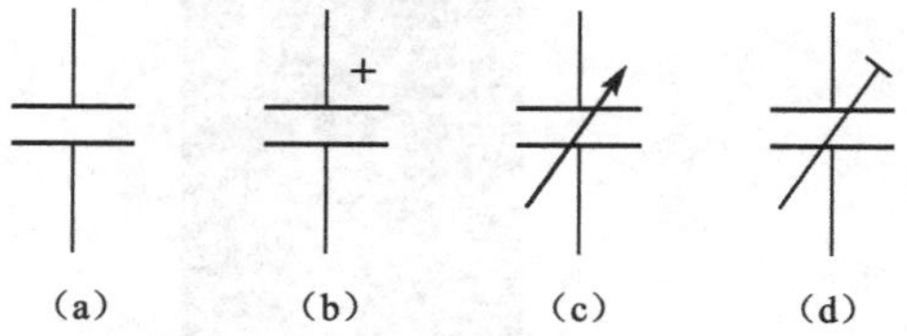

| (a) | (b) | (c) | (d) |

图 3-2　电容符号

1. 电容的分类

电容按结构分为固定电容、半可变电容和可变电容，按材料分为电解电容、有机介质电容和无机介质电容，按极性分为有极性电容和无极性电容。

◆ 可变电容，如图 3-3（a）所示，其容量在一定范围内可以调节。

◆ 电解电容，如图 3-3（b）所示，两个导电极之间的介质为电解液。该电容有极性，一般长脚接高电位，短脚接低电位；体积越大，耐压越高或容量越大。

◆ 陶瓷电容，如图 3-3（c）所示，两个导电极长短一致，无极性。

| （a）可变电容 | （b）电解电容 | （c）陶瓷电容 |

图 3-3　各类电容实物图

2. 电容容量识读

（1）直接标注。当电容位置足够时，会直接标出电容的容量及耐压值。图 3-4（a）所示为电解电容，其圆柱表面直接标注容量为 47μF，耐压值为 25V。

（2）单位标注。如图 3-4（b）所示，其上标注"4n7M"，其中，"4n7"表示该电容的容量为 4.7nF，此类标注是把容量单位放置在小数点位置，类似标注如"4μ7"，表示该电容的容量为 4.7μF；字母"M"表示该电容的容量误差范围为±20%。另外，从该标注中还可以看出该电容的耐压值为 2kV。

（3）科学记数标注。如图 3-4（c）所示，其上标注"104"，前两位"10"为有效值，最后一位"4"表示 10 的幂次方，即 $10 \times 10^4 \text{pF} = 10^5 \text{pF}$（单位默认为 pF）。科学记数法用 4 位数字表示时，前三位为有效值，最后一位表示 10 的幂次方。

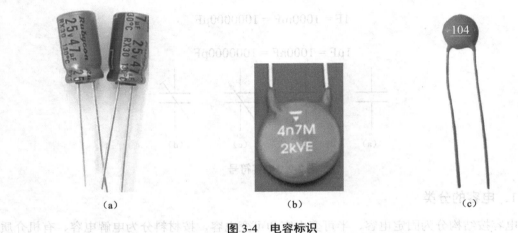

（a）　　　　　　　　　　（b）　　　　　　　　　　（c）

图 3-4　电容标识

例 3-1　使用科学记数法，如果电容表面标注"472"，则该电容的容量为

$$47 \times 10^2 \text{pF} = 4700 \text{pF} = 0.0047 \mu\text{F}$$

例 3-2　使用科学记数法，如果电容表面标注"334"，则该电容的容量为

$$33 \times 10^4 \text{pF} = 330000 \text{pF} = 0.33 \mu\text{F}$$

选用电容时，除了容量需要满足需求，耐压值也需要重点考虑。电容的耐压值应该在其所在电路需要承受电压的最大值的 1.5 倍以上。电容的耐压值选择偏大一些，电路相对会更稳定一些。

3．电容的应用

（1）电容滤波。

如图 3-5 所示，电容 C6、C7 接在电源和地之间，起滤波作用，消除电路中存在的干扰尖波，使电源的工作更加稳定。

（2）电容耦合。

如图 3-6 所示，电容 C1 接输入信号，C2 接输出信号，它们在电路中均起耦合作用。

输入的交流信号 u_i 通过电容 C1 进入放大电路的输入端基极，经过三极管进行信号放大；输出信号经过电容 C2 接入输出电阻 R_L，电容的隔直流通交流作用仅使得被放大的交流信号可以输出到负载电 R_L 上，电路中的 12V 直流电压不会影响输出信号。

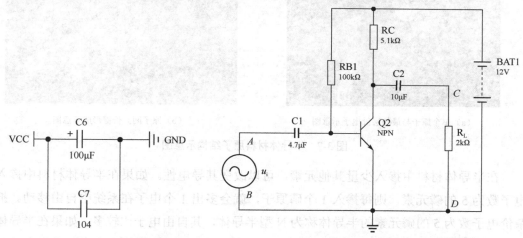

图 3-5　电容 C6、C7 在电路中起　　　图 3-6　电容 C1、C2 在电路中起耦合作用
　　　　　滤波作用

3.2 二极管的结构、特点与应用

1. PN 结的形成

物质按导电性分为导体、绝缘体和半导体。容易传导电流的物质为导体，如铜、铝、银等金属物质，其电阻率很小，只有 $10^{-6} \sim 10^{-4}\ \Omega \cdot m$。能够可靠地隔绝电流的物质为绝缘体，它几乎不导电，如橡胶、塑料、木材等，其电阻率很大，一般在 $10^8 \Omega \cdot m$ 以上。半导体的导电能力介于导体与绝缘体的导电能力之间，如半导体材料硅和锗，其电阻率为 $10^2 \sim 10^6 \Omega \cdot m$。

用于制造半导体器件的纯硅和纯锗都是晶体，其原子最外层轨道上有 4 个电子，这些电子称为价电子。如图 3-7（a）所示，4 个圆球为带负电的电子，笑脸的 4 只手为带正电的空穴，电子与空穴一一对应。半导体材料由无穷多个原子组成，原子与原子之间以共价键的结构相连接，如图 3-7（b）所示。原子最外层的价电子为相邻原子所共有，形成共价键结构。该结构相对比较稳定，以硅元素为例，如纯硅晶体通电，少部分电子会吸收能量，从而挣脱出来形成自由电子，因此纯硅具有弱导电性。

 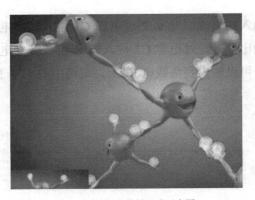

（a）单个原子与最外层价电子示意图　　　　　　（b）原子间共价键形成示意图

图 3-7　半导体材料原子结构示意图

在半导体材料中掺入少量其他元素，可以改变其导电性。如果在半导体材料中掺入价电子数为 5 的磷元素，则每掺入 1 个磷原子，就会多出 1 个电子在系统中自由移动。把掺杂价电子数为 5 的磷元素的半导体称为 N 型半导体，其自由电子比较多。如果在半导体材料中掺入价电子数为 3 的硼元素，则每掺入 1 个硼原子，系统中就多出现 1 个空穴，与之相邻的电子随时可以填充这个空穴。把掺杂价电子数为 3 的硼元素的半导体称为 P 型半导体，其空穴比较多。在一块纯硅材料的一边掺杂硼元素，形成 P 型半导体；另一边掺杂磷元素，形成 N 型半导体，此材料会形成一个 PN 结，这个 PN 结封装后引出两个引脚，就是一个二极管。如图 3-8 所示，当将 P 型半导体和 N 型半导体放置在一起时，由于 P 型半导体的空穴比较多、N 型半导体的自由电子比较多，因此 N 型半导体中的自由电子大量扩散到 P 型半导体中，与 P 型半导体中的空穴复合。扩散运动使得 N 区失去自由电子而带正电，P 区得到自由电子而带负电，PN 结内部中间位置形成一个内电场，该电场方向为由 N 区指向 P 区。内电场阻碍 N 区自由电子的扩散运动，并促进在 PN 结交界处少子（N 区的空穴比较少，因此叫少子）的漂移运动，随着内电场的增强，N 区自由电子的扩散运动减弱，少子的漂移运动增强，最终两种运动达到平衡，内电场不再增强，形成一个相对稳定的 PN 结。

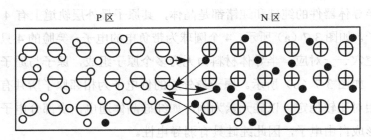

图 3-8　自由电子的扩散运动和空穴的漂移运动

如图 3-9 所示，当自由电子（多子）的扩散运动与空穴（少子）的漂移运动达到动态平衡时，PN 结的内电场达到稳定，空间电荷区（也叫耗尽层）也相对稳定。PN 结内部虽然有内电场存在，但是对外的 P、N 两极并不带电。

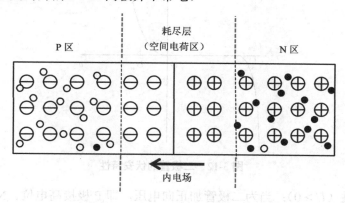

图 3-9　PN 结的内电场形成图

　　由于 PN 结特殊的内部结构，其具有单向导电性。如图 3-10 所示，在 PN 结两端加正向电压，即 P 区接电源正极，N 区接电源负极，电源产生的外电场与 PN 结的内电场的方向相反，内电场被削弱，使耗尽层变薄，扩散运动增强，即多子的扩散运动强于少子的漂移运动，形成较大的扩散电流，即正向电流。此时，PN 结的正向电流迅速增大，称 PN 结正向导通，也叫正向偏置。

　　如图 3-11 所示，在 PN 结两端加反向电压，即 N 区接电源正极，P 区接电源负极，这时外电场与内电场方向一致，增强了内电场，使耗尽层变厚，即削弱了多子的扩散运动，增强了少子的漂移运动，由于少子数量小，从而形成微弱的漂移电流，即反向电流。此时，PN 结呈现的阻力很大，PN 结处于反向截止状态，也称反向偏置。

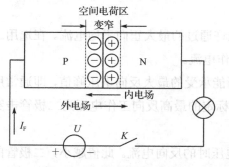

图 3-10　PN 结加正向电压

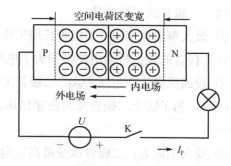

图 3-11　PN 结加反向电压

2．二极管的特性

（1）二极管的伏安特性。

　　二极管的伏安特性是指加载在二极管两端的电压与流过其两端的电流之间的关系，如图 3-12 所示，具体分析如下。

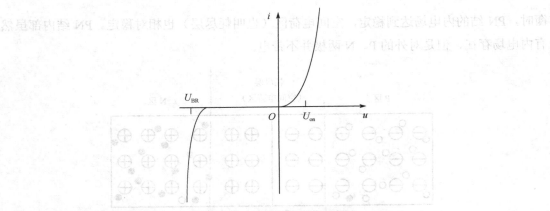

图 3-12　二极管的伏安特性

① 正向特性（$U > 0$）：当为二极管加正向电压，即 P 极接高电位、N 极接低电位时，图 3-12 中的 U_{on} 叫开启电压，硅管的开启电压为 0.5V，导通电压为 0.6～0.7V；锗管的开启电压为 0.2～0.3V。当加载在二极管两端的电压 U 高于或等于开启电压，即 $U \geqslant U_{on}$ 时，PN 结导通，否则 PN 结截止。

② 反向特性（$U < 0$）：当为二极管加反向电压，即 P 极接低电位、N 极接高电位时，PN 结截止。

③ 击穿特性：当为二极管加反向电压，且所加反向电压高于或等于其击穿电压时，普通二极管容易击穿损坏，U_{BR} 为二极管的击穿电压。但特殊二极管，如稳压二极管（稳压管）工作在反向击穿区。稳压管的特性将在后面介绍。

④ 温度特性：随着温度的升高，二极管内部的自由电子和空穴的活动都增强，其正向电流和反向电流都会增大。

（2）二极管的主要参数。

① 最大整流电流 I_F：二极管长期工作时，允许通过的最大正向平均电流。在选用二极管时，二极管的最大整流电流必须大于电路的工作电流。

② 最高反向工作电压 U_{RM}：二极管工作时所能承受的最大反向电压峰值，即通常所说的耐压值。为了防止二极管反向击穿损坏，通常标定的最高反向工作电压为二极管击穿电压的一半。

③ 反向电流 I_R：二极管承受最高反向工作电压时的反向电流。此值越小，二极管的单向导电性越好。由于温度升高后，反向电流会急剧增大，因此在二极管的使用中，要注意温度的影响。

（3）二极管的符号及实物图。

图 3-13（a）所示为二极管的符号，接高电位（或接"+"）的叫 P 极，也称为阳极；接低电位（或接"−"）的叫 N 极，也称为阴极；图 3-13（b）所示为稳压管的符号；图 3-13（c）

所示为发光二极管实物图；图 3-13（d）所示为整流二极管实物图；图 3-13（e）所示为检波二极管实物图；图 3-13（f）、（g）所示为贴片二极管实物图；图 3-13（h）所示为大功率二极管实物图。

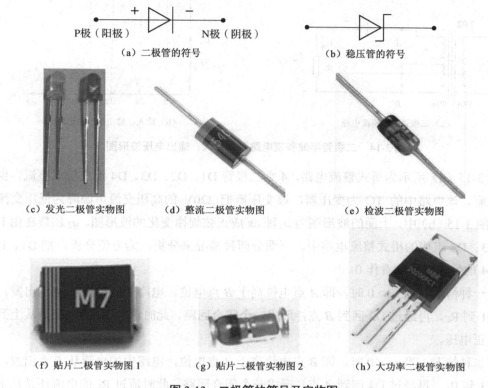

（a）二极管的符号　　　　　　　　　　　（b）稳压管的符号

（c）发光二极管实物图　　（d）整流二极管实物图　　　　　（e）检波二极管实物图

（f）贴片二极管实物图 1　　（g）贴片二极管实物图 2　　　（h）大功率二极管实物图

图 3-13　二极管的符号及实物图

3．二极管的应用

二极管根据结构不同分为点接触型二极管和面接触型二极管。点接触型二极管的极间电容小，常用于高频检波和脉冲数字电路。面接触型二极管的极间电容大，常用于频率在 3kHz 以下的信号的整流。

（1）二极管整流电路。

图 3-14（a）所示为二极管半波整流电路，二极管 D 用于半波整流；TR2 为变压器，用于把高压交流电源 u_1 降为低压交流电源 u_2，经过二极管 D 进行半波整流，仅有大于零的半波加载到负载电阻 R_L 上。如图 3-14（b）所示，上面的波形图为 u_2 随 ωt 成正弦规律变化的波形图，该正弦交流电压经过二极管 D 整流后，输出到负载电阻 R_L 的电压波形为下面的波形图。因为二极管 D 有单向导通的特点，所以当 $u_2<0$ 时，加载到二极管 D 的电压为反向电压，二极管 D 截止，没有电流流过，即此时 R_L 上的电流为 0，因此 R_L 两端的电压 U_o 也为 0。在图 3-14 中，为方便分析，把二极管 D 的导通电压近似为零。

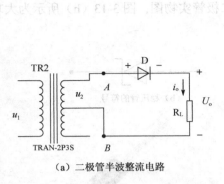

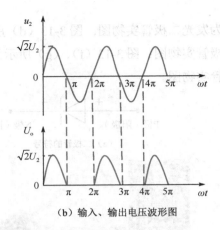

（a）二极管半波整流电路　　　　　　　（b）输入、输出电压波形图

图 3-14　二极管半波整流电路及其输入、输出电压波形图

图 3-15（a）所示为桥式整流电路，4 个二极管 D1、D2、D3、D4 组成桥式整流，也叫全波整流。该电路中的 TC 为变压器，该变压器把 220V 的高压交流电源降为低压交流电源。在图 3-15（b）中，上面的波形图为 u_2 随 ωt 成正弦规律变化的波形图。u_2 加载在由 D1、D2、D3、D4 组成的桥式整流电路中。下面分两种情况来分析，为方便分析，把 D1、D2、D3、D4 的导通电压均看作 0。

第一种情况，当 $u_2 > 0$ 时，即 A 点电位高于 B 点电位，电路中的电流从 A 点出发，先经过 D1 到 R_L，再经过 D2 回到 B 点，形成一个闭合回路，此时流过 R_L 的电流是从上到下的，为正电压。

第二种情况，当 $u_2 < 0$ 时，即 B 点电位高于 A 点电位，电路中的电流从 B 点出发，先经过 D3 到 R_L，再经过 D4 回到 A 点，形成一个闭合回路，此时流过 R_L 的电流还是从上到下的，也为正电压。

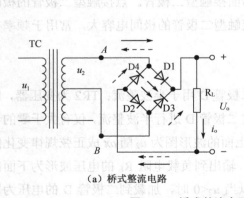

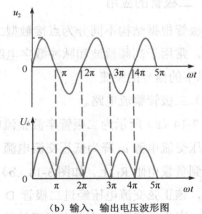

（a）桥式整流电路　　　　　　　　（b）输入、输出电压波形图

图 3-15　桥式整流电路及其输入、输出电压波形图

由上面的分析得知，无论 $u_2 > 0$，还是 $u_2 < 0$，负载电阻 R_L 两端都有电流流过，且电流方

向都是从上到下，即加载在电阻 R_L 两端的电压都是正电压。桥式整流电路把输入的交流电压整流为直流脉动电压。桥式整流电路电源的使用效率约为 90%，约是半波整流电路电源的使用效率的 2 倍。

（2）直流电源的制作。

　　直流电源使用非常广泛，如用于血压测量仪、手电筒、智能垃圾桶等，我国市电电源为正弦交流 220V 电压，那么，如何把 220V 交流电转换为直流电呢？这需要通过如下 4 步来实现（以制作 5V 直流电压为例）。

　　① 降压电路，如图 3-16 中的虚线框①所示，该部分电路包含一个变压器，用于把 220V 交流电压降为 12V 左右的交流电压，对应的波形图如图 3-17 中的①所示，为有效值是 12V 的交流电压波形图。

　　② 桥式整流电路，如图 3-16 中的虚线框②所示，该部分电路包含一个桥式整流电路，由 4 个整流二极管构成，用于把 12V 的正弦交流电压整流为 11V 左右的直流脉动电压，其波形图如图 3-17 中的②所示。

　　③ 电容滤波电路，如图 3-16 中的虚线框③所示，该部分电路包含一个 100μF 的电容，该电容起滤波作用。电路工作时，电容两端电压充电到最高电压后，交流电压开始逐渐降低，这时电容开始放电，使得电压降低幅度不会太大，电压脉动减小，从而使电压整体脉动减小，达到滤波效果。图 3-17 中的③所示为脉动明显减小的直流电压波形图。

　　④ 稳压电路，如图 3-16 中的虚线框④所示，该部分电路包含一个三端稳压器 7805，用于把输出电压稳定为 5V，对应的波形图如图 3-17 中的④所示。可见，波形为一条直线，表示输出稳定的直流电压。7805 的最高输入电压为 35V，最低输入电压为 7V，输出电压稳定为 5V。78 系列稳压器有 7809、7812、78015 等，其输出电压分别稳定为 9V、12V、15V。

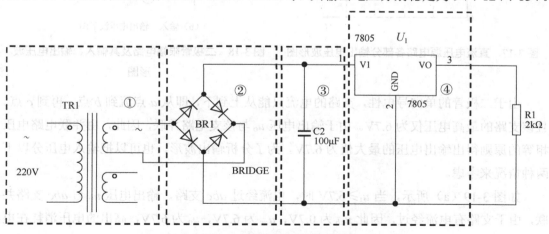

图 3-16　直流稳压电源电路

（3）二极管限幅电路。

如图 3-18（a）所示，u_i 为输入交流电压，其波形图如图 3-18（b）上面的波形图所示。u_i 经过电阻 R 输出电压，输出电压并联了一条支路，该支路由二极管 D 串联直流电源组成。在该支路中，设二极管为硅型管，如果有电流流过二极管（硅管的导通电压为 0.7V），则 a 点电位高出 b 点电位 0.7V，又由于 b 点接电源正极，因此 b 点电位高出 c 点电位 6V，故 a 点电位高出 c 点电位 6.7V，即 $U_{ac} = 6.7V$。

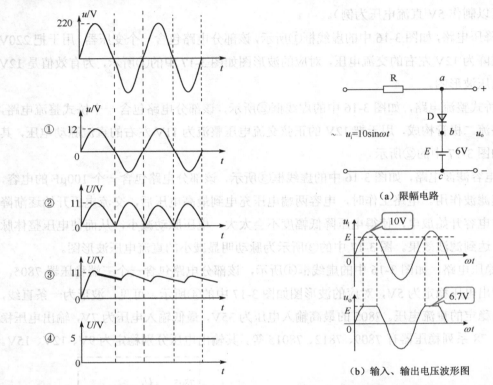

图 3-17　直流电压源电路各部分输出电压波形图　　图 3-18　二极管限幅电路及其输入、输出电压波形图

由于二极管的单向导电性，支路的电流只能从上到下，即从 a 点流到 b 点，再到 c 点。且该支路的最高电压仅为 6.7V。由于输出电压 u_o 与该支电路并联，因此，由并联电路电压相等的原则得出输出电压的最大值为 6.7V。为了分析输出波形，也可以把输入电压分以下两种情况来考虑。

如图 3-19（a）所示，当 $u_i \geqslant 6.7V$ 时，电流经过 abc 支路，输出电压 u_o 与 abc 支路并联，由于支路有电流经过，因此 u_{ab} 为 0.7V，u_{ac} 为 6.7V，u_o 为 6.7V，高出的电压消耗在电阻 R 上，$u_R = RI$。

如图 3-19（b）所示，当 $u_i < 6.7V$ 时，由于二极管的单向导电性，支路电流为 0，即支

路无电流流过，电流经电阻 R 直接到输出电路。也就是说，低于 6.7V 的电压直接输出；高于或等于 6.7V 的电压仅输出 6.7V，其他电压在电阻 R 消耗了，如图 3-18（b）下面的波形图所示，此电路也称为限幅电路。

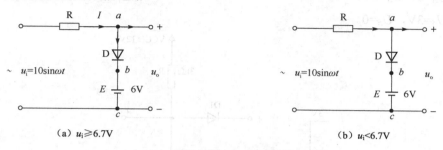

（a）$u_i{\geqslant}6.7V$　　　　　　　　　　　（b）$u_i<6.7V$

图 3-19　输入电压分两种情况分析图

例 3-3　如图 3-20（a）所示，$u_i=10\sin\omega t$，$E=6V$，试画出 U_o 的波形图。其中，二极管 D 为理想二极管，导通时其两端压降为 0。

【解】输入电压 u_i 为最大值是 10V 的正弦交流电压，通过二极管 D 到输出电压 U_o，输出电压 U_o 与 abc 支路并联，abc 支路串联了一个电阻和一个直流 6V 电源。首先把二极管 D 看作断路，即 u_i 与 U_o 断开，此时电阻 R 上无电流流过，即 $I=0$，因此 R 两端的压降为零，a 点电位等于 b 点电位，$U_{ac}=6V$，从而 $U_o=6V$。现在把二极管 D 接入，分以下两种情况讨论。

当输入电压 $u_i<6V$ 时，由于二极管的阴极电位高于阳极电位，因此二极管截止，输出电压 $U_o=6V$。

当输入电压满足 $10V{\geqslant}u_i{\geqslant}6V$ 时，二极管的阳极电位高于阴极电位，二极管导通，且 D 为理想二极管，压降为 0，因此输入电压 u_i 直接输出到 U_o，即 $U_o=u_i$。

由此可知该电路为低压限幅电路，输入、输出电压波形图如图 3-20（b）所示。

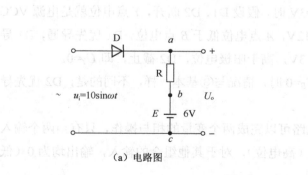

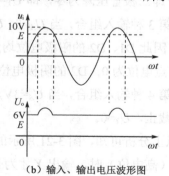

（a）电路图　　　　　　　　　　（b）输入、输出电压波形图

图 3-20　例 3-3 图

例 3-4　如图 3-21 所示，假设二极管是理想的，则在下面几种情况下，Y 点电位各是多少？

① $U_A=U_B=0$。

② $U_A=U_B=3V$。

③ $U_A=0$，$U_B=3V$。

④ $U_A=3V$，$U_B=0$。

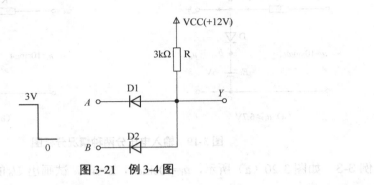

图 3-21　例 3-4 图

【解】该电路中两个二极管 D1、D2，它们的阳极接在一起后接到 Y 点；12V 电源串联一个 $3k\Omega$ 电阻后接到二极管的公共阳极，也接到了 Y 点；两个二极管的阴极分别接 A、B 两点。A、B 两点间的输入电压有两种情况：0 或 3V。

① 分析第 1 种输入组合，当 $U_A=U_B=0$ 时，假设 D1、D2 断开，由于 R 上无电流流过，因此根据欧姆定律，电阻 R 两端压降为零，Y 点电位就是电源 VCC 的电位，即 D1、D2 的阳极电位均为 12V，高于阴极电位，D1、D2 导通，由于二极管是理想的，因此二极管压降为零，即 $U_Y=0$。

② 第 2 种输入组合，当 $U_A=U_B=3V$ 时，假设 D1、D2 断开，Y 点电位就是电源 VCC 的电位，因此 D1、D2 的阳极电位均为 12V，高于阴极电位，D1、D2 导通，由于二极管是理想的，即二极管压降为零，即 $U_Y=U_A=U_B=3V$。

③ 第 3 种输入组合，当 $U_A=0$，$U_B=3V$ 时，假设 D1、D2 断开，Y 点电位就是电源 VCC 的电位，因此 D1、D2 的阳极电位均为 12V，A 点电位低于 B 点电位，D1 优先导通，D1 导通后，Y 点电位为 0；D2 的阴极电位为 3V，高于阳极电位，D2 截止，即 $U_Y=0$。

④ 第 4 种输入组合，当 $U_A=3V$，$U_B=0$ 时，情况与③基本一样，不同的是，D2 优先导通，D1 截止，$U_Y=0$。

由以上分析可知，图 3-21 所示的电路可以完成两个变量的相与操作，只有当两个输入均为 3V（高电位）时，输出 Y 才为 3V（高电位），对于其他组合的输入，输出均为 0（低电位），因此该电路是简单的与门电路。

4. 二极管电路分析技巧

在进行二极管电路分析时，常先把二极管移开（或断开），再分析二极管两端的电位，如果阳极电位高于阴极电位（如果没有特别说明，则二极管为理想二极管，需要考虑二极管的开启电压），则二极管导通，否则二极管截止。判断完二极管的通断状态后，进行其他电路分析。以上实例如果不太好理解，则可以仿真测试一下。

3.3　稳压管电路

稳压二极管又称齐纳二极管，简称稳压管，它是一种用特殊工艺制造的面接触型半导体二极管。稳压管在一定的电流范围内（或者说在一定的功率损耗范围内），其两端电压几乎不变，表现出稳压特性，因而广泛应用于稳压电源与限幅电路。图 3-22 所示为稳压管的符号。其中，图 3-22（a）所示为稳压管常用符号。

图 3-22　稳压管的符号

稳压管工作在反向击穿区，图 3-23（a）所示为稳压管的伏安特性图。在图 3-23（a）中，稳压管工作时，其电流变化为 ΔI，其两端电压变化为 ΔU，ΔU 的变化非常小，如果忽略不计，则认为 $\Delta U \approx 0$，即稳压管两端电压不变。图 3-23（b）所示为稳压管应用电路图，D_Z 串联一个电阻 R，反向接入输入电压 U_i，并与负载电阻 R_L 并联，负载电阻 R_L 两端的电压即稳压管 D_Z 两端的电压。

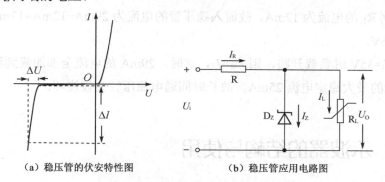

（a）稳压管的伏安特性图　　　　　　　　（b）稳压管应用电路图

图 3-23　稳压管的伏安特性图和应用电路图

下面通过例题来学习稳压管电路分析方法。

例 3-5　如图 3-24 所示，电路中稳压管的稳定电压 U_Z=6V，最小稳定电流 I_{Zmin}=5mA，最大稳定电流 I_{Zmax}=25mA。

（1）分别计算 U_i 为 10V、15V、35V 时输出电压 U_O 的值。

（2）若 U_i=35V 时负载 R_L 开路，则会出现什么现象？为什么？

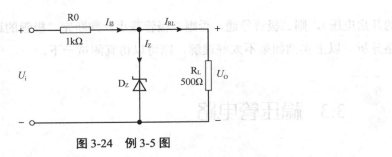

图 3-24   例 3-5 图

【解】图 3-24 所示为稳压管的经典接线电路，稳压管 D_z 串联电阻 R0 接入输入电压，负载电阻 R_L 并联在稳压管两端。

（1）具体分析如下。

① 当 U_i=10V 时，若 U_O=U_Z=6V，则 R0 两端的压降为 10V-6V=4V，$I_总$=4V/1kΩ=4mA，因为 4mA<5mA，所以流过电阻 R0 的电流小于稳压管的最小稳定电流，稳压管不工作（此支路断路），未稳压，U_Z≈0。

U_i 经 R0 加至 R_L 两端，输出电压为 R_L 两端的压降：

$$U_O = \left[U_i / (1000 + 500) \right] \times 500 = 10 \div 3 \approx 3.33 \text{（V）}$$

② 当 U_i=15V 时，若 U_O=U_Z=6V，则 R0 两端的压降为 15V-6V=9V，总电流 $I_总$=9V÷1kΩ=9mA，假设稳压管正常工作，则 R_L 两端的电压为 6V，I_{RL}=6V/500Ω=12mA，现在 $I_总$=9mA<12mA，因此稳压管不工作，输出电压也约为 3.33V。

③ 当 U_i=35V 时，若 U_O=U_Z=6V，则 R0 两端的压降为 35V-6V=29V，$I_总$=29V/1kΩ=29mA，分流到 R_L 的电流为 12mA，故流入稳压管的电流为 29mA-12mA=17mA，稳压管正常工作，U_O=6V。

（2）若 U_i=35V 时负载开路，则 $I_总$=I_Z，这时，29mA 的电流全部加载到稳压管上，大于其所能承受的最大稳定电流 25mA，故长时间通电稳压管会被烧坏。

3.4 示波器的结构与使用

示波器是一种用途非常广泛的电子测量仪器。它能把肉眼看不见的电信号变换成肉眼看得见的图像，便于人们研究各种电现象的变化过程。本实验以 UTD2052CL 示波器为例，介绍示波器的使用方法。UTD2052CL 示波器是 50MHz 双通道示波器，图 3-25 所示为其面板图。UTD2052CL 示波器有两个模拟信号输入口，分别为 X、Y 通道（也称输入通道 CH1、CH2），当输入信号经输入通道输入后，可按运行控制按键，示波器将自动选择合适的水平控制挡位和垂直控制挡位，即每一横格代表的时间（秒/格）、每一竖格代表的电压（伏/格），在显示区域显示比较理想的信号波形。示波器常用来测量信号的峰峰值和周期。

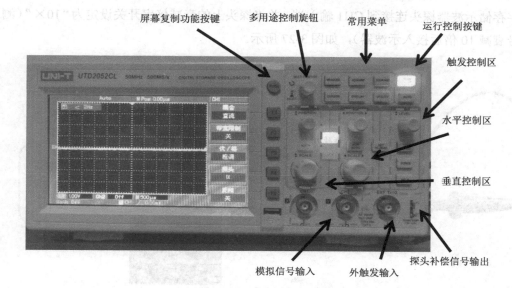

图 3-25　UTD2052CL 示波器的面板图

图 3-26 所示为示波器的显示区域，CH1（通道 1）信号显示为蓝色，CH2（通道 2）信号显示为黄色，右边面板为 CH1 信号设置项，如果需要设置 CH2 信号相关项，则可按 CH2 按键，此时，右边面板会显示 CH2 信号设置项。显示区域底端还可以显示通道垂直刻度系数和主时基设置。

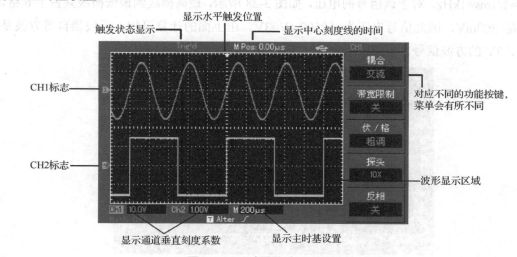

图 3-26　示波器的波形显示区域

1. 数字存储示波器接入信号

UTD2000/3000 系列数字存储示波器为双通道输入形式，还有一个外触发输入通道。请将数字存储示波器探头连接到 CH1 输入端，并将探头上的衰减倍率开关设定为"10×"（测试信号衰减 10 倍后接入示波器），如图 3-27 所示。

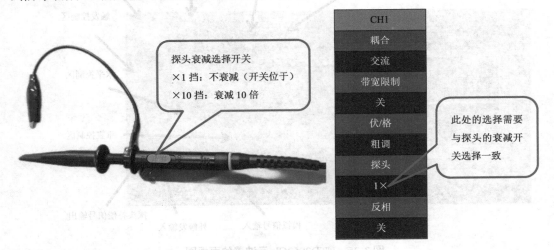

图 3-27　示波器探头设置

把探头的探针和接地夹连接到示波器自带方波输出位置（见图 3-25 中的探头补偿信号输出位置），按一下 AUTO 按键，几秒后，方波显示如图 3-28 所示。该信号水平方向一个周期占 2 格，每格是 500μs，因此信号的周期 $T=2×500μs=1ms$；频率是周期的倒数，于是 $f=1/T=1/1ms=1kHz$。对于该信号的电压，如图 3-28 所示，最高横线到最低横线共占了 6 格，每格是 500mV，因此信号电压为 $6×500mV=3V$。由上面的计算可知，示波器自带方波是 1kHz、3V 的方波信号。

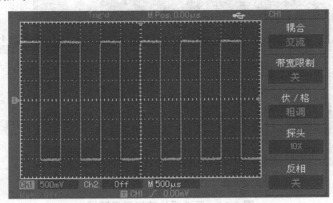

图 3-28　示波器自带方波信号图

2．垂直控制区

垂直控制区如图 3-29 所示。

（1）POSITION 旋钮是改变波形上下显示位置（垂直位置）的旋钮。

（2）VOLTS/DIV 旋钮用于改变示波器每格在垂直方向上表示的电压，通过该旋钮，可以改变显示波形垂直方向的高度。

（3）CH1、CH2、MATH 为显示选择按键，按下显示该通道波形，再次按下关闭该通道波形显示。［CH1：显示通道 1 波形；CH2：显示通道 2 波形；MATH：显示 FFT（快速傅里叶变换）数学运算信号。］

3．水平控制区

水平控制区如图 3-30 所示。

（1）POSITION 旋钮是改变波形左右显示位置（水平位置）的旋钮。

（2）SEC/DIV 旋钮用于改变示波器每格在水平方向上表示的时间。通过该旋钮，可以改变显示波形水平方向的疏密。

（3）HORI MENU 为显示菜单。在此菜单下，按 F3 按键可以开启视窗扩展功能，再按 F1 按键可以关闭视窗扩展功能而回到主时基模式。在这个菜单下，还可以设置触发释抑时间。

图 3-29　垂直控制区

图 3-30　水平控制区

4．触发系统介绍

图 3-31 所示为触发控制区，使用触发电平旋钮改变触发电平，可以在显示区域坐标轴的右侧看到一个箭头随旋钮的转动而上下移动，如图 3-32 所示。当触发信号的频率是被测信号的整数倍时，波形能稳定显示，否则波形不稳定。一般将输入信号作为触发信号，或者使用示波器的默认触发信号，触发信号没有特别要求，一般不需要调。

图 3-31　触发控制区

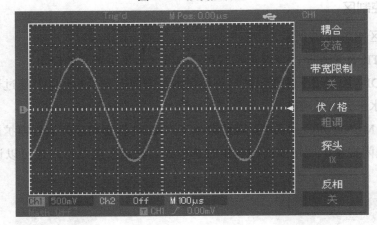

图 3-32　显示区域

在图 3-32 中，右侧各菜单项的配置说明如表 3-1 所示。

表 3-1　右侧各菜单项的配置说明

菜 单 项	设 定	说　　　明
耦合	交流	阻挡输入信号的直流成分
	直流	通过输入信号的交流和直流成分
	接地	断开输入信号
带宽限制	打开	限制带宽至 20MHz，以减少显示噪声
	关闭	满带宽
伏/格	粗调	粗调按 1-2-5 进制设定垂直偏转系数
	细调	细调在粗调设置范围内进一步细分，以改善垂直分辨率
探头	1×	根据探头衰减系数选取其中一个值，以保持垂直偏转系数的读数正确
	10×	
	100×	
	1000×	
反相	开	打开波形反相显示功能
	关	波形正常显示

5．测量范例

（1）用示波器测试信号的步骤（以电容充/放电电路为例）。

① 接入输入信号。如图 3-33 所示，信号由 CH1 接入，由于电容充/放电信号为低频信号，不需要考虑高频抗干扰等，因此输入采用鳄鱼夹直接接入信号。

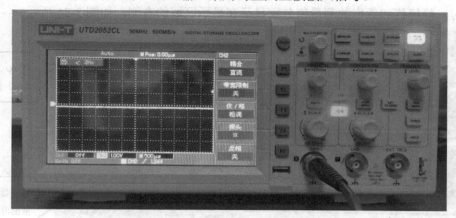

图 3-33　鳄鱼夹接口接 CH1

② 红色鳄鱼夹接被测电路，即电容的正极，黑色鳄鱼夹接地，如图 3-34 所示。

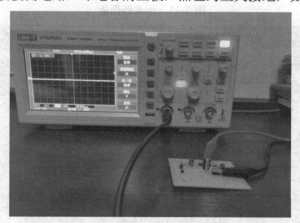

图 3-34　探头另一端鳄鱼夹接被测电路

③ 为被测电路接上 5V 直流电压，按 AUTO 按键（见图 3-35），即能在显示区域显示所测信号波形。

（2）自动测量信号的电压和时间参数。

数字存储示波器可对大多数信号进行自动测量，要测量信号的频率和峰峰值，请按如下步骤进行操作。

① 按 MEASURE 按键，以显示自动测量菜单。

② 按 F1 按键，进行测量菜单种类选择。

③ 按 F3 按键，选择电压类。

④ 先按 F5 按键，翻至 2/4 页；再按 F3 按键，选择测量类型（峰峰值）。

⑤ 先按 F2 按键，进行测量菜单种类的选择；再按 F4 按键，选择时间类。

⑥ 按 F2 按键即可选择测量类型（频率）。

此时，峰峰值和频率的测量值分别显示在显示区域的右侧，如图 3-36 所示。

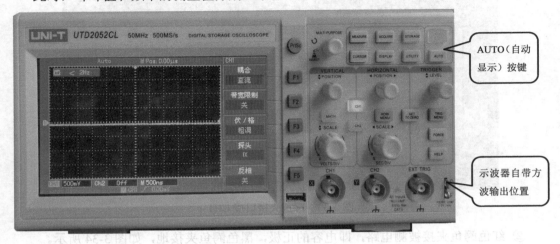

图 3-35　示波器面板

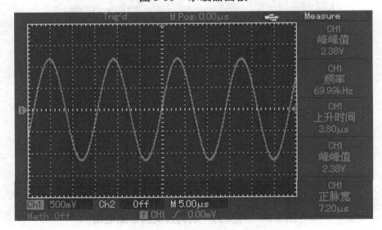

图 3-36　示波器自动测量

3.5　正弦交流电路

正弦交流信号是常见信号，其大小和方向随时间成正弦规律变化。常见信号波形图如图 3-37 所示。其中，图 3-37（a）所示为正弦交流信号波形图。

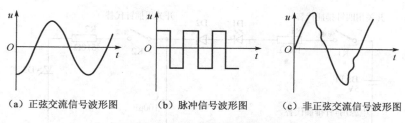

| （a）正弦交流信号波形图 | （b）脉冲信号波形图 | （c）非正弦交流信号波形图 |

图 3-37　常见信号波形图

　　下面介绍正弦交流电压的数学表示法。图 3-38 所示为正弦交流电压的函数表达式。其中，U_m 为最大值，也叫振幅，其大小影响波形垂直方向的高度；ω 为角频率，有时也用频率 f 或周期 T 来表示，其大小表示波形变化的快慢程度，在示波器上显示时，影响波形的显示疏密度；θ 为初相位，其大小影响波形的起始位置。振幅、频率、初相位被称为正弦交流信号的三要素。用示波器测量正弦交流电压波形时，可以测出其周期和 2 倍的振幅。

$$U = U_m \sin(\omega t + \theta)$$

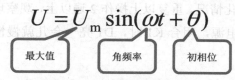

最大值　　　角频率　　　初相位

图 3-38　正弦交流电压的函数表达式

　　正弦交流电压是随时间周期变化的，如何用一个量来表示正弦交流电压呢？下面介绍有效值的概念，如果一个交流电压与一个直流电压在相同通电时间内，对相同大小电阻所做的功相等，则把这个直流电压称为该交流电压的有效值。正弦交流电压表测量的是交流电压的有效值，用"U"表示。最大值 U_m 是有效值的 $\sqrt{2}$ 倍，即

$$U_m = \sqrt{2}U$$

 任务　电容充/放电电路的焊接与调试

1. 项目焊接

　　电容充/放电电路原理图如图 3-39 所示，此电路中的 K1、K2 为开关，焊接时用 2 针排针代替，开关合上时，用短接帽把两针短接到一起；开关断开时，拔掉短接帽。D1、D3 为发光二极管，当电容 C1 充电时，D1 有电流流过而发亮；当电容 C1 充满电时，电容不再充电，D1 无电流流过，此时 D1 不亮。当电容放电时，D3 有电流流过而发亮。D2 为整流二极管或检波二极管，其作用是正向导通、反向截止。R1、D1、C1 构成电容充电电路，C1、R2、D3 构成电容放电电路。

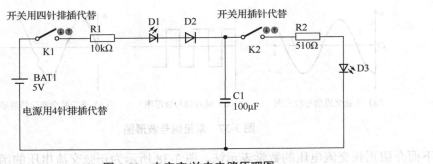

图 3-39　电容充/放电电路原理图

2．项目测试

按照图 3-39 在印制电路板上焊接元器件并连线，焊接完成并检查无误后，接上 5V 直流电源，开始进行电路测试。合上开关 K1，观察电路变化，当 D1 熄灭后，断开开关 K1 并闭合开关 K2，观察电路变化情况。重复以上操作 2 遍以上，观察现象，并回答下面的问题。

问题 1：电路刚接上电源，闭合 K1 时，D1 亮一会儿就慢慢变暗了，最后不亮，为什么？

问题 2：电容充电完成后，断开 K1，闭合 K2，D3 亮一会儿就灭了，怎样可以使它亮的时间久一些呢？

问题 3：R1 和 R2 能否互换？为什么？

问题 4：如果在 C1 旁并联一个 100μF/16V 的电容，会有什么不一样的现象出现？为什么？

问题 5：在完成以上任务后，学生可以用示波器观测电容 C1 两端电压的变化，并用语言描述测试中出现的现象。

3．所需元器件

本任务所需元器件如表 3-2 所示。

表 3-2　本任务所需元器件

元　器　件	型号或规格	数　量
印制电路板	—	1 块
电烙铁、镊子、焊锡丝等焊接工具	—	1 套
电阻	10kΩ	1 个
	510Ω	1 个
排针	1 个 4 针、2 个 2 针	7 针
发光二极管	3 寸或 5 寸（1 寸 ≈ 3.33cm）	2 只
整流二极管	IN5819	1 只
电容	100μF/16V	2 个
短接帽		1 个
直流稳压电源	可调直流稳压电源	1 个

任务小结

- ◆ 掌握电容容量识别，电容的应用。
- ◆ 掌握 PN 结的形成、单向导电性。
- ◆ 熟悉二极管的应用。
- ◆ 熟悉示波器的基本使用方法。
- ◆ 掌握电容充/放电电路运行过程的工作原理分析。

学习心得

课后练习

1. 稳压管的稳压区是指二极管工作在（　　）区。

　　A．正向导通　　　　　　　　　B．反向截止

　　C．反向击穿　　　　　　　　　D．以上都有

2. 电路如图 3-40（a）所示，其输入电压 U_A 和 U_B 的波形如图 3-40（b）所示，二极管导通电压 U_D=0.7V。此时，输出电压 U_Y 的波形正确的是（　　）。

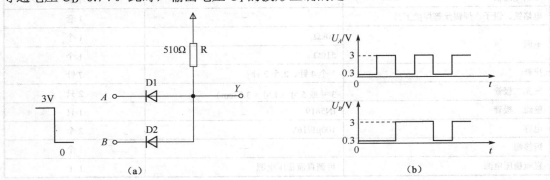

图 3-40　练习题 2 图

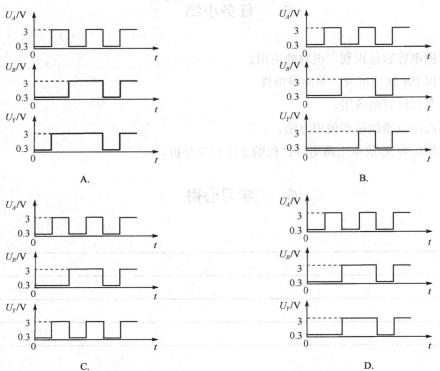

3. 给 PN 结加正向电压时，空间电荷区将（　　）。

    A. 变大   B. 变小

    C. 不变   D. 不确定

4. 给 PN 结加正向电压时，空间电荷区将（　　）。

    A. 变大   B. 变小

    C. 不变   D. 不确定

5. 如图 3-41 所示，二极管性能为理想情况。试判断电路中的二极管是导通还是截止，并求出 A、B 两点之间的电压 U_{AB}。（　　）

    A. 导通，10V   B. 导通，15V

    C. 不导通，10V   D. 不导通，15V

6. 在如图 3-42 所示的电路中，D_{Z1} 和 D_{Z2} 为稳压管，其稳定工作电压分别为 8V 和 5V，且具有理想特性，试计算输出电压 U_o 为（　　）。

    A. 8V   B. 5V

    C. 3V   D. 12V

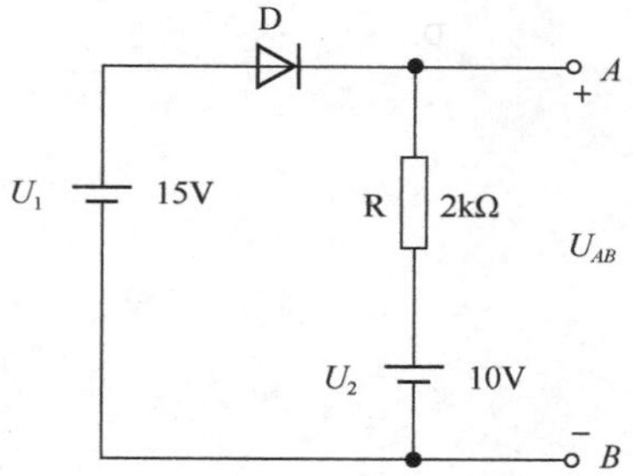

图 3-41　练习题 5 图 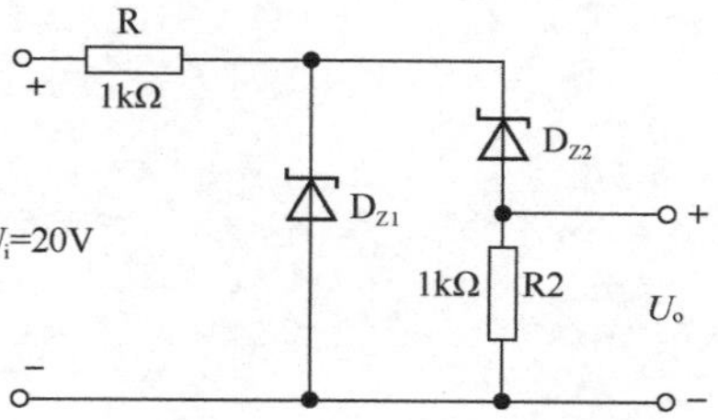　　　　　　　　图 3-42　练习题 6 图

7. 当温度升高时，二极管的反向饱和电流将（　　）。

    A. 增大   B. 减小

    C. 不变   D. 不确定

8. 设二极管的正常导通电压为 1.7V，则其中能正常亮的是（　　）。

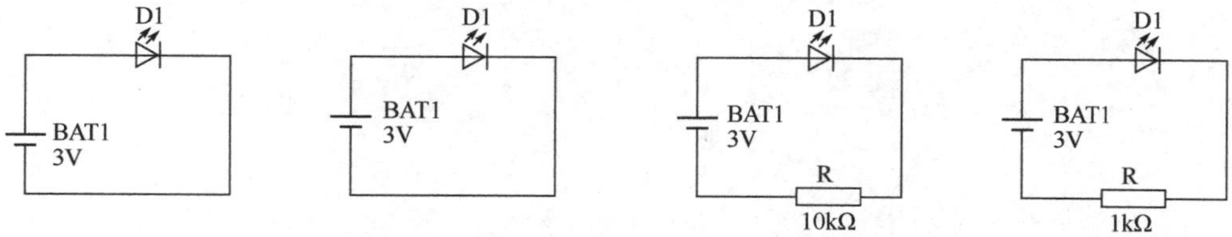

  A.   B.   C.   D.

9. 电路如图 3-43 所示，其输入电压为 10V 直流电压，二极管的导通电压 $U_D=0.7V$。请问输出电压 U_o 的波形图是（　　）。

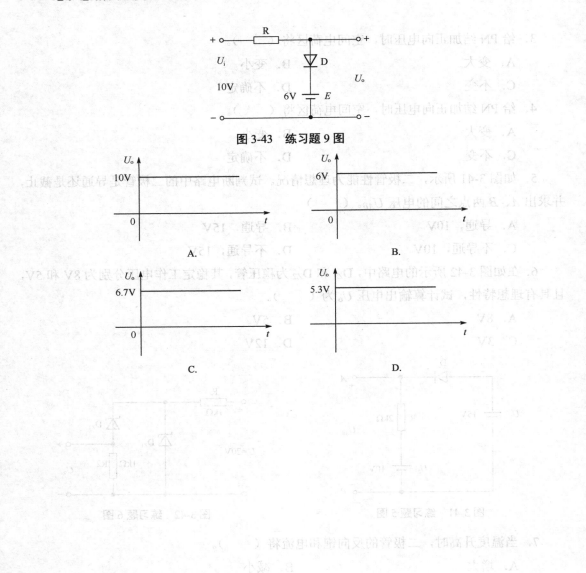

图 3-43　练习题 9 图

项目4 三极管的结构与三极管放大电路的仿真测试

学习目标

- 学习三极管的结构及伏安特性。
- 学习三极管共发射极放大电路的结构及工作原理。
- 学习用数字万用表区分三极管的3个引脚。
- 仿真测试三极管静态放大电路。

知识点脉络图

本项目知识点脉络图如图4-1所示。

图4-1 本项目知识点脉络图

相关知识点

4.1 三极管的结构及伏安特性

半导体三极管是电子电路中最常用的半导体器件之一,它在电路中主要起放大和开关作用。半导体三极管通常指双极型三极管,又称晶体管或简称三极管。它的种类较多,按制造材料不同,分为硅管和锗管;按结构不同,分为 NPN 型三极管和 PNP 型三极管;按工作频率不同，分为低频管、高频管和超高频管；按功率不同，分为小功率管、中功率管和大功率管。

1．三极管的结构

三极管的结构示意图和符号如图 4-2 所示，它由 2 个 PN 结、3 个引脚组成。3 个引脚分别是基极、集电极和发射极，分别用字母 B、C、E 来表示。基极所在的区域叫基区，发射极所在的区域叫发射区，集电极所在的区域叫集电区，发射极与基极组成的 PN 结叫发射结，集电极与基极组成的 PN 结叫集电结。当基区为 P 型半导体时，组成 NPN 型三极管，如图 4-2（a）所示，发射极箭头朝外；当基区为 N 型半导体时，组成 PNP 型三极管，如图 4-2（b）所示，发射极箭头朝里。发射极箭头的方向也是发射极工作时的电流方向。

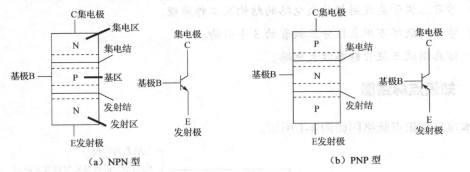

图 4-2　三极管的结构示意图和符号

2．NPN 型三极管共发射极放大电路

三极管平面结构示意图如图 4-3 所示，集电区面积大，基区很薄且掺杂浓度低，发射区掺杂浓度高。正是由于此结构特点，三极管有其自有的特性。在模拟电路中，三极管常用于放大电路；在数字电路中，三极管常用于开关电路。图 4-4 所示为 NPN 型三极管共发射极放大电路，在基极和发射极之间加载了电压源 U_{BE}，在集电极和发射极之间加载了电源 U_{CE}。其中，$U_{CE}>U_{BE}$，使得发射结正偏（$U_{BE}>0$）、集电结反偏（$U_{BC}<0$）。

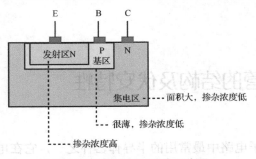

图 4-3　三极管平面结构示意图

NPN 型三极管共发射极放大电路的工作原理分析如下。

（1）发射极自由电子的一小部分在电源 U_{BE} 的作用下流入基极，形成基极电流 I_B（由于自由电子极性为负，而电流方向规定为正电荷移动的方向，因此电流方向为由 B 流向 E）。

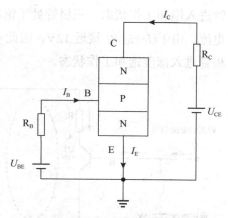

图 4-4　NPN 型三极管共发射极放大电路

（2）发射极自由电子的一大部分在电源 U_{CE} 的作用下流入集电极，形成集电极电流 I_C（同上，集电极电流由 C 流向 E）。

（3）基极电流 I_B 和集电极电流 I_C 流入三极管，发射极电流 I_E 流出三极管。根据基尔霍夫电流定律，把三极管看作一个节点，所有流入节点的电流之和等于流出节点的电流之和，可推出 $I_E = I_B + I_C$。

（4）由于集电区面积较大，基区薄且掺杂浓度低，因此 $I_C \gg I_B$。

（5）在图 4-4 中，U_{BE}、R_B 和发射结构成的回路称为输入回路；U_{CE}、R_C、集电结和发射结构成的回路称为输出回路。由于输入回路和输出回路都经过发射极，因此本电路叫共发射极电路。实验表明，当图 4-4 中的外围元件 R_B 和 R_C 的阻值不变时，I_C/I_B 为一定值，因此，共发射极电路具有电流放大功能，称为共发射极放大电路。基极电流一个微小的变化，会在集电极产生一个较大的电流变化。用 $\overline{\beta}$ 表示三极管的直流电流放大倍数，其公式为

$$\overline{\beta} = \frac{I_C}{I_B}$$

3．三极管的伏安特性

在如图 4-5 所示的 NPN 型三极管共发射极放大电路中，输入回路由 5V 的偏压电源、R_B 和基极与发射极的压降 U_{BE} 构成，输出回路由 12V 的系统电源、R_C 和集电极与发射极的压降 U_{CE} 构成。当在输入回路的 I_B 电流中加入一个微弱的交流信号 u_i 时，由于三极管共发射极电路具有电流放大作用，因此这个交流信号经过三极管的放大后，在输出回路得到一个放大的电流，即 i_C。随着输入端电流 i_B 的增大，输出电路中的 i_C 按一定比例增大。但 $I_C + i_C$ 不可能无限增大，因为电路中的 $I_C + i_C$ 是由 12V 电源来提供的，对于输出回路，按图 4-5 中的参考方向可列出如下回路方程（回路电压方程）：

$$U_{RC} + U_{CE} = 12V \xrightarrow{\text{欧姆定律}} (I_C + i_C)R_C + U_{CE} = 12V$$

输入回路的电流为 $I_B + i_B$，输出回路的电流为 $I_C + i_C$，上面提到，随着 i_B 的增大，i_C 会以一定比例增大，因此 $(I_C + i_C)R_C$ 也会以一定比例增大，该比例为三极管放大电路的电流放大倍数 β，当 $(I_C + i_C)R_C$ 的值接近 12V 时，集电极电流不再等于 β 倍的基极电流，此时三极

管进入饱和工作状态。三极管处于饱和工作状态的特点是集电极电流不再等于 β 倍的基极电流，由于 $(I_C+i_C)R_C$ 接近 12V，因此 U_{CE} 的值很小，一般约定当 $U_{CE} \leqslant 0.3V$ 时（硅管），三极管进入深度饱和工作状态。

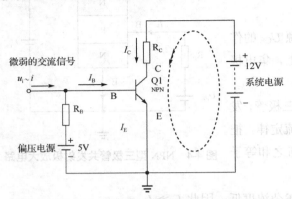

图 4-5　NPN 型三极管共发射极放大电路

三极管的工作状态除了放大、饱和，还有截止。如图 4-5 所示，如果输入回路没有偏压电源，或者偏压电源低于 0.7V，则三极管的基极与发射极电压低于 0.7V（硅管），即低于二极管的开启电压，此时三极管的发射结截止，即 $I_B \approx 0$，从而 $I_C \approx 0$，三极管处于截止工作状态，三极管的 3 个引脚之间几乎没有电流流过。

在三极管的输出回路中，电压 U_{CE} 和三极管电流 I_C 的关系图如图 4-6 所示，称为三极管的伏安特性图。在三极管的伏安特性图中，三极管的 3 个工作区分别为放大区、截止区、饱和区。三极管不能工作在击穿区，否则会损坏三极管。图 4-6 中的 I_{CEO}、I_{CBO}、$U_{(BR)CEO}$、$U_{(BR)CBO}$ 分别为基极开路时的反向漏电流、发射极开路时的反向漏电流、基极开路时集电极与发射极之间的反向击穿电压、发射极开路时集电极与基极之间的反向击穿电压。具体理解请查阅模拟电路相关图书。

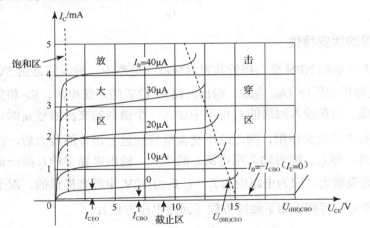

图 4-6　三极管的伏安特性图

三极管的 3 个工作区的特征分别如下。

（1）放大区。

三极管工作在放大区时，发射结正偏，集电结反偏，即 $U_{BE}>0.7V$，$U_{BC}<0$，集电极电位高于基极电位。由以上推导可得 $U_C>U_B>U_E$。此时，I_C 随 I_B 的变化而变化，且 $I_C/I_B=\beta$，该值与三极管本身的结构有关。

（2）截止区。

三极管工作在截止区时，发射结反偏，即 $U_{BE}<0.7V$（发射结反偏），$I_B=0$、$I_C=0$，流过三极管的电流非常小，趋近于 0，相当于三极管的 3 个引脚之间处于断开状态。

（3）饱和区。

三极管工作在饱和区时，I_B、I_C 都不为 0，发射结正偏，集电结也正偏，$U_{CE}≤0.3V$。此时，$I_C≠\beta I_B$。

三极管的 3 个工作区的特征比较如表 4-1 所示。

表 4-1　三极管的 3 个工作区的特征比较

特征/状态	放 大 区	饱 和 区	截 止 区
发射结与集电结的状态	发射结正偏，集电结反偏	发射结正偏，集电结正偏	发射结反偏
U_C、U_E、U_B 的关系	$U_C>U_B>U_E$	$U_B>U_E$；$U_B>U_C$	$U_B<U_E$
I_B 与 I_C 之间的关系	$I_C=\beta I_B$	$I_C≠\beta I_B$	$I_B=0$；$I_C=0$
主要特征	$I_C=\beta I_B$	$U_{CE}≤0.3V$	三极管的 3 个引脚基本无电流流过，将其看作断开

4．三极管的静态工作点

在如图 4-7 所示的 NPN 型三极管共发射极放大电路中，没有输入交流信号 u_i，整个电路仅有直流电流流过，称该电路处于静态工作状态。此时，输入回路由 5V 偏压电源、电阻 R_B 和三极管的发射结组成，输入回路的电流方向如图 4-7 中的回路圈 I 所示；输出回路由 12V 系统电源、电阻 R_C 和三极管的集电结、发射结组成，输出回路的电流方向如图 4-7 中的回路圈 II 所示。

（1）对于输入回路，有

$$I_B R_B + U_{BE}=5V$$

因为对于硅管，二极管的导通电压为

$$U_{BE}=0.7V$$

$$I_B=4.3V/R_B$$

所以当 R_B 为确定值时，I_B 也为确定值。该三极管放大电路称为固定偏置放大电路。

（2）对于输出回路，有

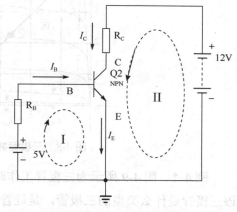

图 4-7　NPN 型三极管共发射极放大电路

$$I_C R_C + U_{CE} = 12V$$

在三极管处于放大工作状态时，有

$$I_C = \beta I_B$$

当交流输入信号为零时，电路处于直流工作状态，此时的 I_B、I_C、U_{CE} 的数值可用三极管输出特性曲线上一个确定的点表示，该点习惯上称为静态工作点 Q。在实际电路中，三极管静态工作点的选取非常重要，因为它决定了三极管的工作稳定性和工作信号范围。如果静态工作点选取不当，则会导致三极管容易进入失真工作状态，使得输出信号失真，从而影响电路性能。因此，设计电路时需要仔细计算和选择合适的静态工作点，以确保电路能够稳定工作，并产生非失真放大的输出信号。如图 4-8 所示，三极管共发射极放大电路的静态工作点 Q 一般会选择在放大区的中间位置，即 $U_{CE} = 1/2 \times 12V = 6V$ 的位置，使三极管电压放大范围更宽，不容易进入失真工作状态。

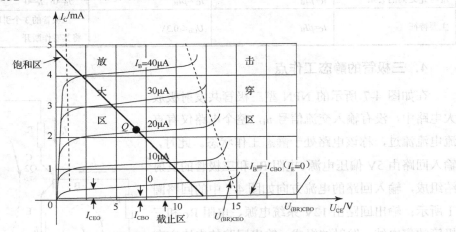

图 4-8　三极管共发射极放大电路的静态工作点

例 4-1　图 4-9 所示为三极管工作时各引脚的电位图，请根据三极管的工作特点，判断该三极管是什么类型的三极管，是硅管还是锗管，处于什么工作状态。

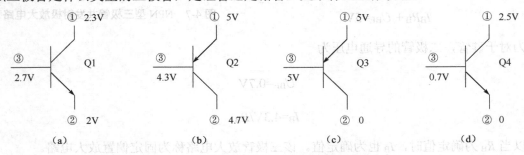

图 4-9　三极管工作时各引脚的电位图

【解】对图 4-9（a）的分析如下。

（1）如图 4-9（a）所示，②脚有箭头，为发射极（E），电位为 2V；③脚为三极管的公共端基极（B），电位为 2.7V；①脚为集电极（C），电位为 2.3V。

（2）由于发射极的箭头方向为由 B 指向 E，即发射结为由 B 指向 E，即基极（B）为 P 极，发射极（E）为 N 极，因此该三极管是 NPN 型三极管。

（3）由于发射结的压降为 2.7V−2V=0.7V，因此该三极管的半导体材料为硅（锗管的 PN 结压降约为 0.3V）。

（4）工作状态分析：首先，发射结的压降为 0.7V，发射结打开（正偏），①脚电压 − ②脚电压=0.3V，即 U_{CE}=0.3V，集电极与发射极电压太低，I_C 太大，三极管处于深度饱和工作状态。

随堂练习

判断三极管的型号和工作状态。参照上面的分析方法，自行分析图 4-9（b）～（d）中三极管的型号、材料、工作状态，并把判断结果填入表 4-2。

表 4-2　三极管判断练习表

图　　号	三极管的型号	三极管的材料	三极管的工作状态	评　　分
图 4-2（b）				
图 4-2（c）				
图 4-2（d）				

国内半导体器件型号命名方法如表 4-3 所示。

表 4-3　国内半导体器件型号命名方法

第一部分		第二部分		第三部分				第四部分	第五部分
用数字表示器件的电极数目		用字母表示器件的材料和极性		用字母表示器件的类型、特征				用数字表示器件序号	用字母表示器件规格号
符号	意义	符号	意义	符号	意义	符号	意义		
2	二极管	A	N 型锗	P	普通管	A	高频大功率		
		B	P 型锗	W	稳压管	D	低频大功率		
		C	N 型硅	Z	整流管	G	高频小功率		
		D	P 型硅	U	光电器件	X	低频小功率		
3	三极管	A	PNP 型锗	k	开关管	CS	场效应器件		
		B	NPN 型锗	V	微波管	T	半导体闸流管		
		C	PNP 型硅	L	整流桥				
		D	NPN 型硅	S	隧道管	BT	半导体特殊器件		
		E	化合物	FH	复合管				

4.2 三极管引脚测量与区分

用数字万用表的二极管挡和三极管放大倍数挡可区分三极管的 3 个引脚（基极、集电极和发射极），并判断三极管的类型。图 4-10（a）所示为 T0-92 封装的三极管实物图，图 4-10（b）所示为三极管内部结构示意图。根据图 4-10（b）中三极管 PN 结的方向，用数字万用表的二极管挡找出 2 个背对背或面对面的 PN 结，这两个 PN 结的公共端即三极管的基极。

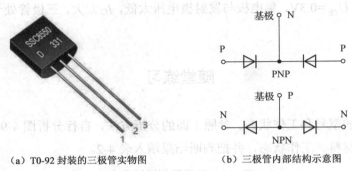

（a）T0-92 封装的三极管实物图　　　（b）三极管内部结构示意图

图 4-10　三极管外形图及内部结构图

下面以 T0-92 封装的三极管为例进行测量步骤说明。

第 1 步，对 T0-92 封装的三极管进行引脚编号，平面正对自己（能正常看三极管标识面），从左到右进行编号，分别为 1、2、3，如图 4-10（a）所示。

第 2 步，将数字万用表选择旋钮转到二极管挡（图 4-11 中的测通断/二极管挡，并按下黄色的 SELECT 按键，数字万用表的使用说明见 1.2 节），用数字万用表的红表笔和黑表笔分别接 1、2 脚，看看显示屏上有没有读数，如果没有变化，就反过来，即用数字万用表的红表笔和黑表笔分别接 2、1 脚，看看显示屏上有没有读数，当有读数时，就找到了一个 PN结。其中，红表笔接的是 P 极，黑表笔接的是 N 极。按上面的步骤先测量 2、3 脚之间是否有 PN 结存在；再测量 1、3 脚之间是否有 PN 结存在，找出三极管的 2 个 PN 结，并找出 PN 结的公共端，即基极。

第 3 步，判断三极管的类型。在测量 PN 结时，找出的公共端如果接红表笔，则说明公共端是 P 极，三极管是 NPN 型三极管；找出的公共端如果接黑表笔，则说明公共端是 N极，三极管是 PNP 型三极管。

第 4 步，确定三极管的其他两极。这时需要把数字万用表的旋钮调到"hFE"测量挡，如图 4-11 所示。此时关闭电源，根据前 3 步确定的三极管类型及基极，选择相应的插孔，把三极管的 3 个引脚插入测量孔内，当为 NPN 型三极管时，插在上面的 3 个孔中；当为

PNP 型三极管时，插在下面的 3 个孔中。基极对应"B"位置，其他两个引脚随机插入对应孔中，插入完成后打开数字万用表电源，看显示屏上的显示值，如果小于 50，则可以拔出两个引脚，反向插入（C、E 引脚调换）同类型孔位置，观察显示屏上的显示值，如果大于 50，则说明该接线正确（三极管的电流放大倍数大于 50），对应脚为各孔面板上标注的类型，从而区分出集电极和发射极。在进行三极管放大倍数的测量时，手要压住三极管，使三极管引脚与测量电路接触良好，只有这样，数字万用表才能显示三极管的放大倍数。

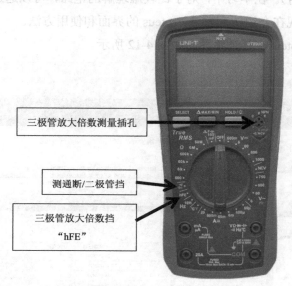

三极管放大倍数测量插孔

测通断/二极管挡

三极管放大倍数挡
"hFE"

图 4-11   数字万用表测二极管/三极管挡位图

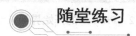

随堂练习

练习三极管引脚的测量，并完成如表 4-4 所示的任务。

表 4-4   三极管引脚测量

测试项目	三极管的类型及各引脚标识	评 分
S8550	类型： 1 脚 2 脚 3 脚	
S8050	类型： 1 脚 2 脚 3 脚	

4.3 仿真软件 Proteus 的使用

Proteus 是英国 Lab Center Electronics 公司设计的 EDA 工具软件，它具有较丰富的资源，可进行电子电路、模拟电路、数字电路和单片机控制电路的仿真，还可进行 PCB 图的设计（该功能比较少用）。在学习中，对于比较难理解的电路，可以通过电路仿真来帮助理解电路的工作原理。现在介绍仿真软件 Proteus 的界面和使用方法。

（1）双击打开 Proteus，其开始界面如图 4-12 所示。

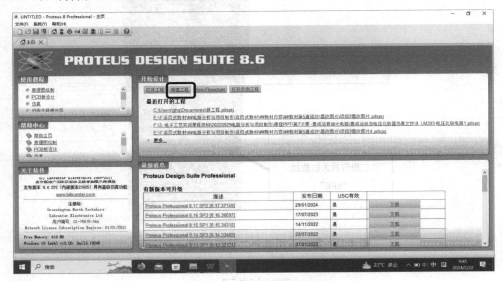

图 4-12 Proteus 的开始界面

（2）单击图 4-12 中的"新建工程"按钮，打开如图 4-13 所示的对话框，更改工程名称和存储路径后，单击"下一步"按钮。

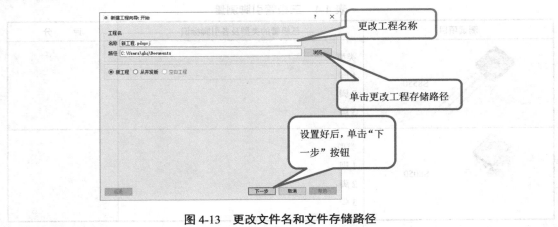

图 4-13 更改文件名和文件存储路径

（3）后续步骤均保持默认设置，即依次单击"下一步"按钮，创建一个默认格式的原理图。最后单击"完成"按钮，空文件创建完成，出现如图 4-14 所示的界面。

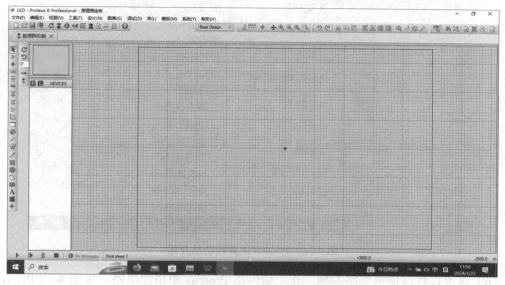

图 4-14　空文件创建完成界面

（4）Proteus 操作界面介绍。如图 4-15 所示，Proteus 操作界面包括菜单栏、工具箱、预览窗口、元器件列表框、元器件选择按钮和编辑窗口等。

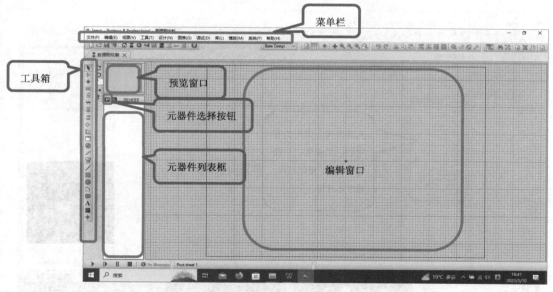

图 4-15　Proteus 操作界面

（5）Proteus 工具箱功能介绍。如图 4-16 所示，分为两列来介绍，第 1 列按箭头所指一一对应，后续工具依次为第 2 列各框文字。

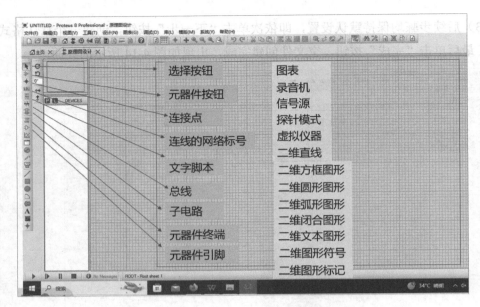

图 4-16　Proteus 工具箱功能介绍

（6）这里以灯泡供电电路为例，介绍如何在 Proteus 中搭建电路。如图 4-17 所示，单击 "P" 按钮，选择元器件。在 "关键字" 文本框中输入 battery，选择电路电源（尽量选择 active 库元器件，该库元器件可以进行工作原理虚拟仿真），单击 "确定" 按钮，如图 4-18 所示。

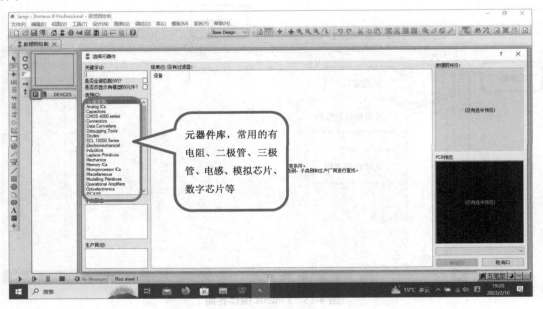

图 4-17　选择元器件

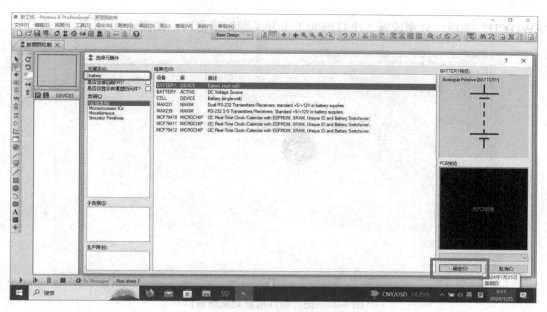

图 4-18　选择电路电源

（7）继续单击"P"按钮选择元器件，在"关键字"文本框中依次输入 lamp（灯泡）、switch（开关），单击"确定"按钮，完成元器件（包括直流电源、灯泡、开关）的加载，如图 4-19 所示。

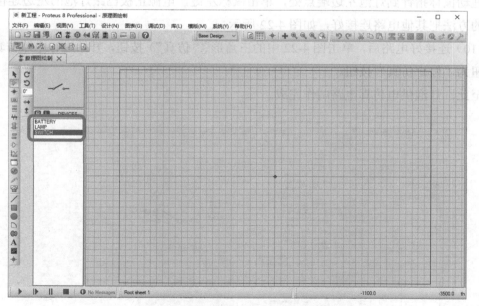

图 4-19　元器件加载完成

（8）首先把鼠标指针移到"BATTERY"选项上，单击鼠标左键，选中电路电源；再把鼠标指针放到编辑窗口，单击鼠标左键，即放置 1 个电路电源。依次选中"LAMP"和

"SWITCH"选项，分别放置 1 个灯泡和 1 个开关到编辑窗口，如图 4-20 所示。

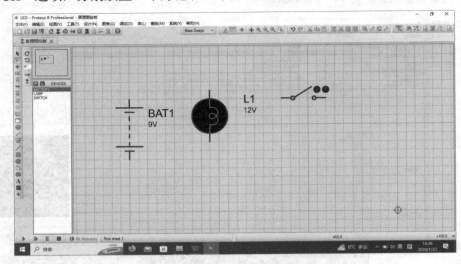

图 4-20　把元器件放置到编辑窗口

（9）把鼠标指针放置在相应的元器件上，单击鼠标右键，可进行移动、旋转、编辑属性等操作，如图 4-21 所示。这里把电路电源往下移动一定的距离，把灯泡逆时针旋转 90°。布局完元器件的位置后，开始连线，把鼠标指针移到直流电源正极端点位置，单击鼠标左键并拖动鼠标指针到灯泡左边端点处，单击鼠标左键，电源正极已跟灯泡的左边连接。按同样的方法把其他电路连接好，如图 4-22 所示。

（10）连接好电路后，单击图 4-22 中的三角形（"仿真"）按钮，开始进行电路仿真，方形按钮为"停止仿真"按钮。

至此，灯泡供电仿真电路制作完成。

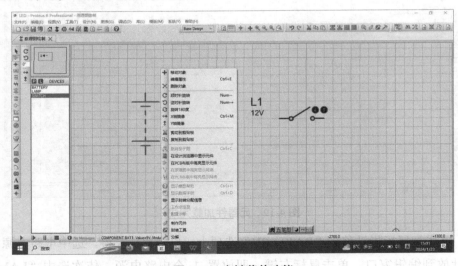

图 4-21　右键菜单功能

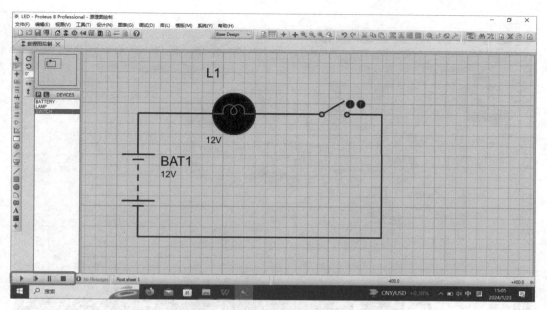

图 4-22　对各元器件进行电路连接

任务　三极管放大电路的仿真测试

如图 4-23 所示，Q1 为 NPN 型三极管，BAT1 为直流 5V 电源，BAT1、R_B 和 Q1 的发射结组成输入回路；BAT2 为直流 12V 电源，BAT2、R_C 和 Q1 的集电结、发射结组成输出回路。此电路被称为共发射极放大电路。三极管还可以连成共基极放大电路和共集电极放大电路，有兴趣的学生可以查找模拟电路相关资料进行学习。

本任务是用仿真软件 Proteus 对三极管共发射极放大电路进行测试，完成如表 4-5 所示的数据测量及计算，具体步骤如下。

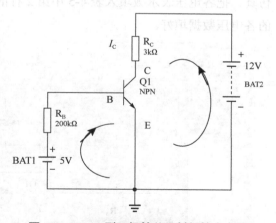

图 4-23　NPN 型三极管共发射极放大电路

第 1 步，双击"三极管静态放大电路"文件，打开电路图，如图 4-24 所示。按表 4-5 中的要求修改 R_B、R_C，进行电路仿真测量。目前，R_B=200kΩ，R_C=1kΩ，符合表 4-5 中第一行的要求。此时，直接单击图 4-24 中的"仿真"按钮，进行电路仿真。把电路中的电压表示数分别填入 U_{RB}、U_{RC}、U_{CE} 相应位置。

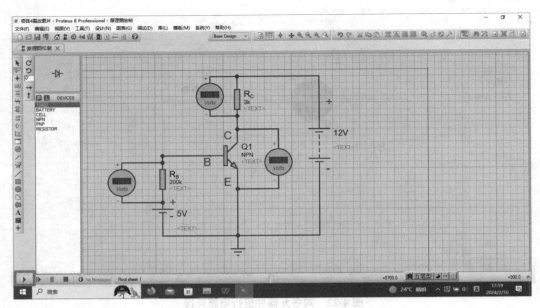

图 4-24　三极管静态放大电路

第 2 步，更改 R_C 的大小，把鼠标指针移到 R_C 上，单击鼠标右键，在右键菜单中选择"编辑属性"选项，弹出"编辑元件"对话框，将"Resistance"文本框中的"1k"改为"3k"，如图 4-25 所示单击"确定"按钮。此时，单击"仿真"按钮，开始表 4-5 中第 2 行数据的仿真，把各电压表示数填入表 4-5 中第 2 行的相应位置。按以上方法把表 4-5 中第 3~6 行的各电压数据填好。

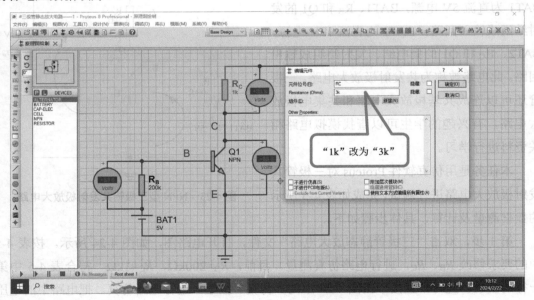

图 4-25　更改 R_C 的大小

第 3 步，计算表 4-5 中每行的 I_{RB}、I_{RC} 及 β 值。

第 4 步，分析实验数据，总结实验效果，并回答问题。

表 4-5　三极管静态数据测量及计算

R_B	R_C	U_{RB}	U_{RC}	U_{CE}	$I_{RB(mA)}=U_{RB}/R_B$	$I_{RC(mA)}=U_{RC}/R_C$	$\beta=\dfrac{I_{RC}}{I_{RB}}$	实训结论分析
200kΩ	1kΩ							
	3kΩ							
	10kΩ							
500kΩ	1kΩ							
	3kΩ							
	10kΩ							

完成表 4-5 的数据测量和计算后，请回答下面的问题。

问题 1：为什么 U_{RB} 的测量值是负数？

_____

_____

_____

问题 2：当 R_C 不变而 R_B 改变时，哪些量变化了？哪些量没变化？为什么？

_____

_____

_____

问题 3：当 R_B 不变时，每改变 R_C，变化的量有哪些？不变的量有哪些？为什么？

_____

_____

问题 4：U_{CE} 和 U_{RC} 有什么关系？

_____

_____

问题 5：三极管的电流放大倍数与什么有关？与什么无关？

_____

_____

任务小结

- 三极管的结构，包括两个 PN 结、3 个引脚。
- 三极管有 3 个工作区，分别是放大区、截止区、饱和区。
- 用数字万用表区分三极管的 3 个引脚（基极、集电极、发射极）。
- 三极管共发射极放大电路的电流放大倍数的仿真测量（$\beta=I_C/I_B$）。
- 三极管共发射极放大电路的电流放大倍数基本不受外围电阻的影响，只与三极管本身的特性有关。

学习心得

课后练习

1. 三极管有_____个引脚，分别为_____。

2. 三极管按结构分为_____型和_____型，前者的图形符号是_____，后者的图形符号是_____。

3. 三极管放大作用的实质是_____电流对_____电流的控制作用。

4. 三极管的 3 个引脚的电流关系是_____，直流电流放大系数 β 的定义式是_____。

5. 三极管处于正常放大状态时，硅管的 U_{BE} 约为_____V，锗管的 U_{BE} 约为_____。

6. 三极管_____的微小变化将会引起_____的较大变化，这说明三极管具有_____放大作用。

7. 三极管是一种（　　）半导体器件。

　　A．电压控制　　　　　　　　B．电流控制

　　C．既是电压控制又是电流控制　　D．不确定

8. 三极管的（　　）作用是三极管最基本和最重要的特性。

　　A．电流放大　　　　　　　　　B．电压放大

　　C．电压放大和电流放大　　　　D．功率放大

9．三极管放大的实质是（　　　）。

　　A．将小能量换成大能量　　　　B．将低电压放大成高电压

　　C．将小电流放大成大电流　　　　D．用较小的电流控制较大的电流

项目 5　三极管共发射极放大电路的焊接与测试

学习目标

◆ 学习三极管交流信号放大电路的工作原理。
◆ 学习函数信号发生器的使用方法。
◆ 学习场效应管知识。
◆ 熟悉示波器的使用方法。
◆ 学习三极管放大电路的焊接与测试方法。

知识点脉络图

本项目知识点脉络图如图 5-1 所示。

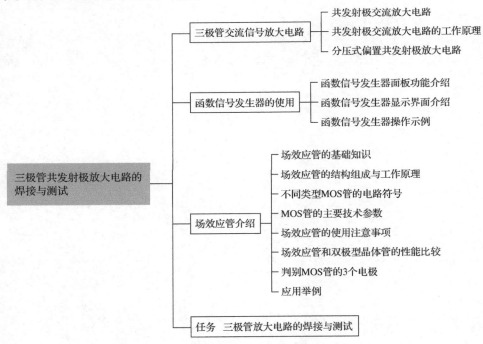

图 5-1　本项目知识点脉络图

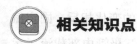

相关知识点

◆◆ 5.1　三极管交流信号放大电路

1．共发射极交流放大电路

项目四介绍了三极管共发射极放大电路的静态工作电路，其为三极管的放大工作提供电源保障。本项目介绍三极管共发射极交流信号放大电路，此电路在静态工作电路的基础上加上了交流输入信号，如图 5-2 所示。该电路在如图 4-5 所示的电路基础上增加了交流输入、输出电路。在输入端加上微弱的交流信号 u_i，该信号通过电容 C1 加载到三极管 Q1 的基极，此时三极管的基极电流由 I_B+i_b 构成（i_b 是加载到基极上的交流信号产生的电流），经三极管 Q1 的电流放大作用，得到放大的电流 I_C+i_c。其中，交流信号 i_c 通过电容 C2 输出到负载 R_L，得到放大的交流输出电压 u_o，实现信号电压放大。

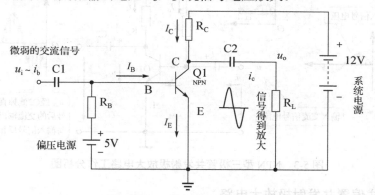

图 5-2　NPN 型三极管共发射极交流信号放大电路

2．共发射极交流放大电路的工作原理

NPN 型三极管共发射极交流放大电路的工作原理可以通过如图 5-3 所示的工作分析图来理解。其中，标注 1 为共发射极放大电路的交流输入信号 u_i，该输入信号是微弱的正弦交流信号；标注 2 为共发射极放大电路基极的固定偏置电流，基极的固定偏置电流 I_B 是直流信号；标注 3 为交流信号和基极的固定偏置电流叠加在一起形成的输入电流信号（I_B+i_b）；标注 4 为基极的交流信号和直流偏置信号叠加在一起经过三极管 Q1 放大后的集电极电流（I_C+i_c）；标注 5 为三极管 u_{CE} 的输出信号电压；标注 6 为 u_{CE} 经 C2 滤掉直流信号后的交流输出信号，该信号与标注 1 的输入信号相比被明显放大了，且相位相反。

在图 5-3 中，由于 I_B 和 U_{BE} 为固定值，因此该电路称为固定偏置放大电路，通过上面的分析可知，放大电路内部各电流、电压都是交直流共存的，u_{CE} 和 i_c 的变化相反。固定偏置放大电路存在很大的不足。例如，当三极管所处环境温度升高时，三极管内部载流子运动加剧，将造成放大电路中的各参量随之发生变化，即温度 $T\uparrow \to Q$ 点 $\uparrow \to I_C \uparrow \to U_{CE} \downarrow \to$
$V_C \downarrow$，如果 $V_C < V_B$，则集电结会由反偏变为正偏，当两个 PN 结均正偏时，电路出现饱和失真。为了不失真地传输信号，在实用电路中，需要对上述电路进行改造。分压式偏置共发射极放大电路可通过反馈环节有效地抑制温度对静态工作点的影响。

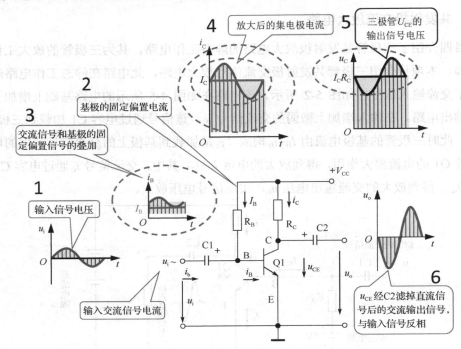

图 5-3　NPN 型三极管共发射极放大电路工作分析图

3. 分压式偏置共发射极放大电路

　　分压式偏置共发射极放大电路在固定偏置放大电路的基础上，在基极增加了分压电阻 R_{B2}，在发射极增加了负反馈电阻 R_E，如图 5-4 所示。分压式偏置共发射极放大电路由于设置了反馈环节，因此当温度升高而造成 I_C 增大时，I_E 也增大，U_{RE} 升高，使得 U_{BE} 降低，从而 I_B 减小，i_C 也就会减小，进而抑制静态工作点由于温度而发生的变化，保持静态工作点稳定。分压式偏置共发射极放大电路能够抑制由温度引起的三极管静态工作点的变化。在满足 $I_1 \approx I_2 >> I_B$ 的小信号条件下，当温度发生变化时，虽然也会引起 I_C 的变化，但对基极电位没有多大影响。在实际模拟电子电路中，流过 R_{B1} 和 R_{B2} 支路的电流远大于基极电流 I_B，因此可近似把 R_{B1} 和 R_{B2} 视为串联，串联可以分压，根据分压公式可确定基极电位如下：

$$V_B \approx \frac{R_{B2}}{R_{B1} + R_{B2}} V_{CC}$$

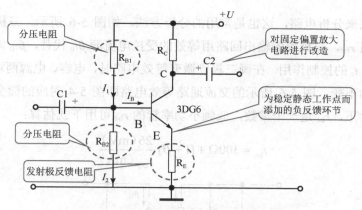

图 5-4　分压式偏置共发射极放大电路

（1）分压式偏置共发射极放大电路静态工作点估算。

图 5-5 所示为分压式偏置共发射极放大电路求解静态工作点的估算法。显然，基极电位 V_B 的高低对静态工作点的影响非常大，V_B 的值大，静态工作点就高，三极管易进入饱和失真状态；V_B 的值小，静态工作点就低，三极管易进入截止失真状态。

$$V_B \approx \frac{R_{B2}}{R_{B1} + R_{B2}} U$$

$$I_C \approx I_E = \frac{V_B - U_{BE}}{R_E}$$

$$U_{CE} = U - I_C(R_C + R_E)$$

$$I_B = \frac{I_C}{\beta}$$

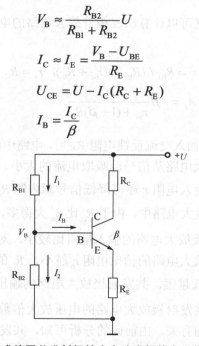

图 5-5　分压式偏置共发射极放大电路求解静态工作点的估算法

（2）共发射极放大电路中含有交流反馈电阻的动态分析。

三极管交流分量动态分析常采用微变等效电路法，该方法是一种线性化分析方法，它先把三极管用一个等效的线性电路来代替，从而把非线性电路转化为线性电路；再用线性电路的分析方法来分析电路，这也是常用的分析方法。如图 5-6 所示，三极管的输入回路等效为输入电阻 r_{be}，三极管的输出回路用等效的受控电流源 βi_b 代替，βi_b 体现了基极电流 i_b 对集电极电流 i_c 的控制作用。在画三极管微变等效电路时，电容、电源两端短接，其他元器件的接线结构不变。图 5-6 所示的交流通路等效电路即图 5-4 对应的微变等效电路。在小信号工作条件下，r_{be} 是一个常数，低频小功率管的 r_{be} 可用下式估算：

$$r_{be} \approx 300\Omega + (1+\beta)\frac{26(mV)}{I_{EQ}(mA)}$$

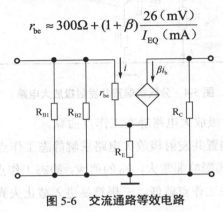

图 5-6　交流通路等效电路

通过分析微变等效电路就可以计算出三极管放大电路的电压放大倍数 A_u、输入电阻 r_i、输出电阻 r_o：

$$r_i = R_{B1} // R_{B2} // (r_{be} + R_E), \quad r_o = R_C$$

$$A_u = -\beta \frac{R_L'}{r_{be} + (1+\beta)R_E}$$

动态分析：显然，电路中加入交流反馈电阻 R_E 后，电路中的电压放大倍数进一步降低。输入电阻 r_i 的大小决定了放大电路从信号源吸取电流的大小。为减轻信号源的负担，总希望 r_i 大一些。另外，较大的输入电阻 r_i 还可降低信号源内阻 R_s 的影响，使放大电路获得较高的输入电压。在共发射极放大电路中，由于 R_B 比 r_{be} 大得多，因此 r_i 近似等于 r_{be}，一般有几百欧至几千欧，即共发射极放大电路的输入电阻比较小。对负载而言，总希望放大电路的输出电阻越小越好。因为放大电路的输出电阻 r_o 越小，R_L 的变化对输出电压的影响就越小，放大电路的带负载能力就越强。共发射极放大电路的输出电阻 r_o 通常有几千欧至几十千欧，因此输出电阻较大。共发射极放大电路的电压放大倍数与三极管的电流放大倍数 β、动态输入电阻 r_{be} 及 R_C、R_L 均有关。由前面的分析可知，共发射极放大电路的 A_u 很大，因此被广泛应用于多级放大电路的中间级。

5.2　函数信号发生器的使用

函数信号发生器又称信号源或振荡器，它能够产生并输出多种波形信号。本书以优利德 UTG6000B 系列函数信号发生器为例，说明其基本使用方法。该系列函数信号发生器直接由数字合成技术产生精确、稳定的输出波形，输出波形有正弦波、方波、斜波、脉冲波、任意波。正弦波输出频率范围为 1μHz～20MHz，输出波形的幅度范围为 $(1\times10^{-3}\sim11.5)V$pp，其他技术指标参考 UTG6000 函数信号发生器使用手册。

1. 函数信号发生器面板功能介绍

UTG6010 函数信号发生器的正面如图 5-7 所示，各部分功能介绍如下。

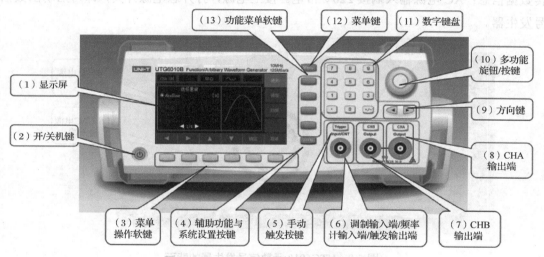

图 5-7　UTG6010 函数信号发生器的正面

（1）显示屏：4.3 寸 TFT 液晶屏，显示通道的输出状态、功能菜单和其他重要信息。

（2）开/关机键：启动或关闭仪器，按此按键后背光灯亮，显示屏显示开机界面后进入功能界面。

（3）菜单操作软键：通过软键标签的标识可对应选择或查看标签的内容。

（4）辅助功能与系统设置按键：操作此按键可弹出 3 个功能标签——通道设置、频率计、系统，高亮显示的标签在显示屏下方有对应的子标签。

（5）手动触发按键：设置触发，闪烁时执行手动触发操作。

（6）调制输入端/频率计输入端/触发输出端：在进行 AM、FM、PM 或 PWM 信号调制时，当调制源选择外部时，通过外部调制输入端输入调制信号；在开启频率计功能时，通过此接口输入待测信号；在启用通道信号手动触发功能时，通过此接口输出手动触发信号。

（7）CHB 输出端：可通过按输出端上面的 CHB 按键快速开启/关闭通道输出。

（8）CHA 输出端：可通过按输出端上面的 CHA 按键快速开启/关闭通道输出。

（9）方向键：在进行参数设置时，通过其来切换数字的位。

（10）多功能旋钮/按键：用于改变数字大小（顺时针旋转数字增大）或作为方向键使用，可用于进行功能选择、参数设置和选定确认。

（11）数字键盘：用于输入所需参数。小数点"."可以快速切换单位。

（12）菜单键：按该按键会弹出 3 个功能标签，分别为波形、调制、扫频，通过按对应的功能菜单软键可获得相应的功能。

（13）功能菜单软键：快捷选中功能菜单。

UTG6010 函数信号发生器的背面如图 5-8 所示。其中，USB 接口用于连接计算机，上传数据信息；AC 电源输入端接 220V 市电。接上电源，打开总电源开关，即可启动函数信号发生器。

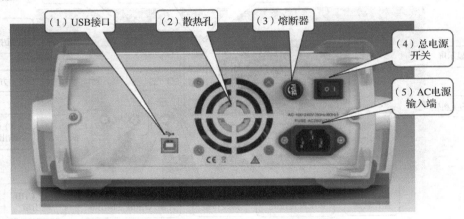

图 5-8　UTG6010 函数信号发生器的背面

2. 函数信号发生器显示界面介绍

UTG6010 函数信号发生器启动后，其显示界面如图 5-9 所示，各部分功能说明如下。

◆ 通道信息。

（1）"CHA/B ON/OFF"为通道开关信息。

（2）"Limit"标识表示输出幅度限制，高亮为有效，灰色为无效。

（3）输出端的匹配阻抗（1Ω～1kΩ 可调，出厂默认为 50Ω）。

（4）"～"表示为正弦波，为当前设置的基本波形。

（5）最右边为调制模式或扫频类型显示状态，无显示表示只输出基波。

◆ 软键标签：用于标识功能菜单和操作当前的功能。

（1）右方的标签：如果高亮显示，则表示已选中，如果需要改变选择，则可按对应软键选中标签。

（2）下方的子标签：子标签显示的内容属于右方的"类型"标签的下级目录，操作对应按键选中子标签。

◆ 波形参数列表：方式显示当前波形参数，列表选中区域（高亮显示）为可编辑状态，可通过菜单操作软键、数字键盘、方向键、多功能旋钮按键的配合进行参数设置。

◆ 波形显示区：显示该通道当前设置的波形形状。

注：系统设置时没有波形显示区，此区域被扩展成波形参数列表。

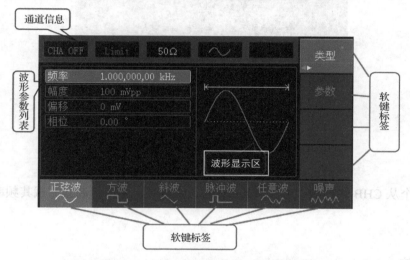

图 5-9 UTG6010 函数信号发生器显示界面

3．函数信号发生器操作示例

这里以设置输出 2.5kHz、300mV 正弦波为例来说明函数信号发生器的操作步骤。具体操作步骤如下。

（1）首先按下如图 5-7 所示的菜单键，接着依次选择"Menu"→"波形"→"参数"→"频率"菜单，进入频率设置状态，此时可以选中"频率"项来切换频率和周期。

（2）通过数字键盘输入 2.5，选择对应的单位 kHz，如图 5-10 所示。

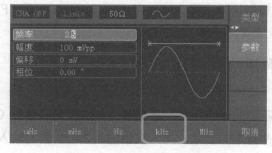

图 5-10 修正正弦波的频率

（3）设置输出波形的幅度：依次选择"Menu"→"波形"→"参数"→"振幅"菜单，选中"幅度"项。

（4）通过数字键盘输入 300，选择所需单位，选中"mVpp"（毫伏）子标签，如图 5-11 所示。

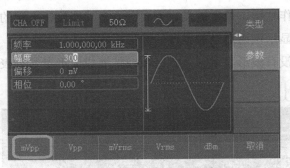

图 5-11　修正正弦波的幅度

　课堂练习

调节一个从 CHB 输出的 2kHz、100mV 的正弦信号，并用示波器测试其频率和振幅。

结果考核：_____

 ## 5.3　场效应管介绍

场效应管（Field Effect Transistor，FET）是利用控制输入回路的电场效应来控制输出回路电流的一种半导体器件，它由多子参与导电，也称单极型晶体管。场效应管分为结型场效应管（JFET）和绝缘栅型场效应管（Metal-Oxide-Semiconductor Field-Effect Transistor，金属-氧化物半导体场效应管，简称 MOS 管）。

1．场效应管的基础知识

（1）概述。

场效应管属于一种新型的电压型半导体器件，与双极型晶体管（BJT）相比，无论是工作原理还是特性曲线，都有不同之处。尤为突出的是 MOS 管的输入电阻达 $10^7 \sim 10^{15}\,\Omega$，静态时，几乎不取用信号源提供的电流，因而具有功耗小、体积小、质量轻、热稳定性好、制造工艺简单且易于集成化等优点。这些优点使得场效应管在工程实际中通常用于信号放大、电子开关、可变电阻、恒流源和多级放大器输入级阻抗变换等。场效应管的封装形式有 TO-220、SOT-23、SOIC、QFN/QFP、TO-92 等，具体实物图如图 5-12 所示。

图 5-12　各类封装场效应管的实物图

（2）分类。

前面提到，场效应管可分为 JFET 和 MOS 管两大类。其中，MOS 管根据其内部有无原始导电沟道，分为增强型 MOS 管和耗尽型 MOS 管；根据其导电沟类型不同，可分为 N 沟道增强型 MOS 管、P 沟道增强型 MOS 管、N 沟道耗尽型 MOS 管和 P 沟道耗尽型 MOS 管。

（3）场效应管与双极型晶体管导电机理的不同。

场效应管只有一种载流子（多子）参与导电。双极型晶体管有两种载流子（多子和少子）参与导电。双极型晶体管是利用基极小电流来控制集电极较大电流的电流控制型器件，因工作时两种载流子同时参与导电而被称为双极型晶体管。场效应管因工作时只有多子这一种载流子参与导电而被称为单极型晶体管，单极型晶体管是利用输入电压产生的电场效应控制输出电流的电压控制型器件。

2．场效应管的结构组成与工作原理

下面以 N 沟道增强型场效应管为例来介绍场效应管的结构与工作原理。图 5-13（a）所示为 N 沟道增强型场效应管的内部结构图，该场效应管以 P 型硅为衬底，两侧分别注入高浓度的 N 型杂质，形成两个 PN 结夹着一个 N 型沟道的结构。从两边高浓度的 N 区引出两个电极，分别形成源极（S）和漏极（D），在二氧化硅绝缘保护层表面直接引出一个电极，为栅极（G）。N 沟道增强型场效应管的导电沟道是 N 型的，其多子是自由电子。它的符号如图 5-13（b）所示。

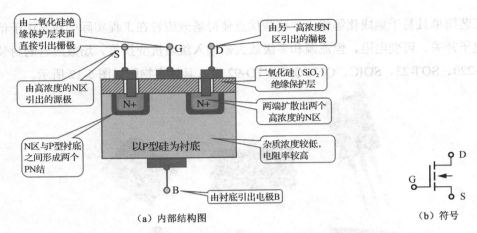

（a）内部结构图 （b）符号

图5-13 N沟道增强型场效应管的内部结构图与符号

N沟道增强型场效应管由于其栅极与其他电极之间是相互绝缘的，因此又称NMOS管。当栅极和源极之间不加任何电压，即$U_{GS}=0$时，由于漏极和源极的两个N区之间隔有P型硅衬底，相当于两个背靠背连接的PN结，它们之间的电阻达$10^{12}\Omega$，即漏极和源极之间不具备导电沟道，因此，无论在漏极和源极之间加何种极性的电压，都不会产生漏极电流I_D。故通常NMOS管的引脚接线如图5-14所示。在栅极与源极之间接上电源，该电源形成的电场效应决定导电沟道的宽度，即反型层的宽度，在漏极与源极之间接上电源，形成漏极电流I_D。

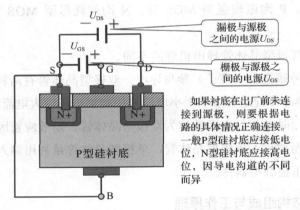

漏极与源极之间的电源U_{DS}

栅极与源极之间的电源U_{GS}

如果衬底在出厂前未连接到源极，则要根据电路的具体情况正确连接。一般P型硅衬底应接低电位，N型硅衬底应接高电位，因导电沟道的不同而异

图5-14 NMOS管的引脚接线

1）NMOS管的工作原理

（1）当$U_{GS}=0$时。

NMOS管由于不存在原始导电沟道，当$U_{GS}=0$时，NMOS管的漏极和源极之间相当于存在两个背靠背的PN结。此时，无论U_{DS}是否为0，也无论其极性如何，总有一个PN结处于反偏状态，因此NMOS管不导通，$I_D=0$，即NMOS管处于截止区，如图5-15所示。

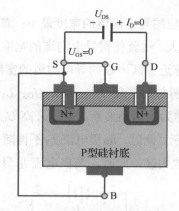

图 5-15　NMOS 管的栅源极电压 U_GS=0

（2）当 $U_{GS}>U_{GS(TH)}$时，导电沟道形成。

在栅极和源极之间加正电压，即当 $U_{GS}>0$ 时，如图 5-16 所示，在栅极与衬底之间产生一个由栅极指向衬底的电场。在这个电场的作用下，衬底表面附近的空穴受到排斥将向下运动，自由电子受电场的吸引向衬底表面运动，与衬底表面的空穴复合，形成一层耗尽层。如果进一步提高 U_{GS}，使 U_{GS} 达到某一电压 $U_{GS(TH)}$（开启电压），则衬底表面中的空穴全部被排斥和耗尽，而自由电子被大量吸引到衬底表面，由量变到质变，使衬底表面变成以自由电子为多子的 N 型层，称为反型层。

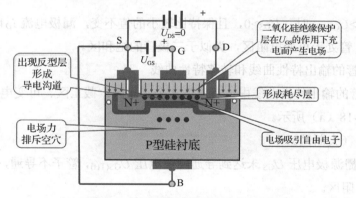

图 5-16　NMOS 管的 $U_{GS}>U_{GS(TH)}$

反型层将漏极和源极的两个 N 区相连通，构成漏极与源极之间的 N 型导电沟道。把开始形成导电沟道所需的 U_{GS} 称为导通阈值电压，用 $U_{GS(TH)}$表示。显然，只有在 $U_{GS}>U_{GS(TH)}$时，才有导电沟道，而且 U_{GS} 越高，导电沟道的宽度越大，导电沟道的导通电阻越小，导电能力越强。

（3）当 $U_{GS}>U_{GS(TH)}$时，如果在漏极和源极之间加上正电压 U_{DS}，那么导电沟道就会有电流流通。漏极电流由漏区流向源区，因为导电沟道有一定的电阻，所以沿着导电沟道产生压降，使导电沟道各点的电位沿导电沟道由漏区到源区逐渐降低，靠近漏区一端的电压

U_{GD} 最低，其值为 $U_{GS}-U_{DS}$，相应的导电沟道的宽度最小；靠近源区一端的电压最高，等于 U_{GS}，相应的导电沟道的宽度最大。这就使得导电沟道的宽度不再是均匀的，整个导电沟道呈倾斜状。随着 U_{DS} 的升高，靠近漏区一端的导电沟道的宽度越来越小。

（4）当 U_{DS} 升高到某一临界值时，使 $U_{GD}=U_{GS}-U_{DS}<U_{GS(TH)}$，漏区一端的导电沟道消失，只剩下耗尽层，这种情况称为沟道预夹断。继续升高 U_{DS}（$U_{DS}>U_{GS}-U_{GS(TH)}$），夹断点向源极方向移动，如图 5-17 所示。此时，漏极电流 I_D 不再随 U_{DS} 的升高而变大，NMOS 管进入恒流区，相当于三极管的放大区。此时，漏极电流 I_D 只随 U_{GS} 的变化而变化。

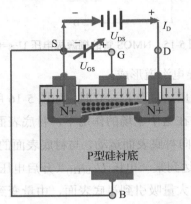

图 5-17　NMOS 管的预夹断状态

（5）当 $U_{GS}>U_{GS(TH)}$ 时，$U_{DS}>0$，且保持比较小的值不变，漏极电流 I_D 随着 U_{GS} 的升高而增大，NMOS 管处于可变电阻区，类似于三极管的饱和区。

2）NMOS 管的输出特性曲线和转移特性曲线

在 NMOS 管的输出特性曲线中，有以下 4 个工作区：截止区、可变电阻区、恒流区、击穿区，如图 5-18（a）所示。

（1）截止区（夹断区）。

在截止区，栅源极电压 U_{GS} 未达到导通阈值电压 $U_{GS(TH)}$，管子不导通，即 I_D 基本为零。

（2）可变电阻区。

在可变电阻区，I_D 和 U_{DS} 基本维持线性比例关系，斜率即管子的导通电阻 $R_{ds(on)}$。

（3）恒流区。

在恒流区，漏极电流 I_D 不再随着漏源极电压 U_{DS} 的升高而增大，只与栅源极电压 U_{GS} 有关。

（4）击穿区。

在击穿区，因漏源极电压 U_{DS} 过高，管子击穿损坏。

当 U_{DS} 固定而 U_{GS} 变化时，i_D 随 U_{GS} 变化的关系称为场效应管的转移特性，如图 5-18（b）所示。

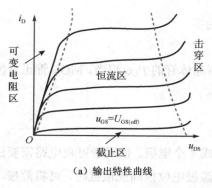
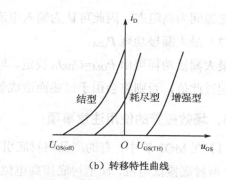

（a）输出特性曲线　　　　　　　　　　　　　（b）转移特性曲线

图 5-18　场效应管的输出特性曲线和转移特性曲线

对于增强型场效应管，由于其内部没有原始电场，因此只有当栅源极电压高于开启电压，即 $U_{GS}>U_{GS(TH)}$ 时，管子才导通，漏极才有电流流过，$i_D>0$。

对于耗尽型场效应管，由于其内部有原始电场，因此当栅源极不加任何外电压时，导电沟道已形成，漏极已有电流流过，故耗尽型场效应管的栅源极电压 U_{GS} 可以在正负变化的情况下控制漏极电流的大小。

对于结型场效应管，需要在栅源极外加负电压，只有这样才能改变导电沟道的宽度，从而控制漏极电流 I_D 的大小。

3．不同类型 MOS 管的电路符号

图 5-19 所示为不同类型 MOS 管的电路符号，其中衬底线为虚线代表增强型 MOS 管，衬底线为实线代表耗尽型 MOS 管；衬底箭头指向里面的为 N 沟道管，衬底箭头指向外面的为 P 沟道管。

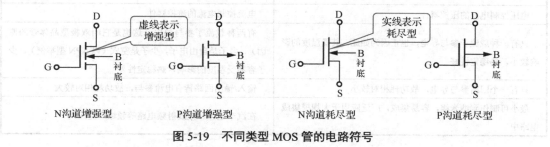

N沟道增强型　　　　P沟道增强型　　　　N沟道耗尽型　　　　P沟道耗尽型

图 5-19　不同类型 MOS 管的电路符号

4．MOS 管的主要技术参数

（1）开启电压 $U_{GS(TH)}$。

开启电压是增强型 MOS 管的参数，当栅源极电压 U_{GS} 小于 $U_{GS(TH)}$ 的绝对值时，管子不能导通。

（2）输入电阻 R_{GS}。

R_{GS} 是场效应管的栅源间输入电阻的典型值，对于 MOS 管，输入电阻 R_{GS} 为 $1\sim100M\Omega$。

由于栅源间为高阻态，因此可认为输入电流基本为零。

（3）最大漏极功耗 P_{DM}。

最大漏极功耗可由 $P_{DM}=U_{DS}I_D$ 决定，与双极型晶体管的 P_{CM} 相当。MOS 管正常使用时不得超过此值，否则将会由于过热而造成管子损坏。

5. 场效应管的使用注意事项

（1）在 MOS 管中，有的产品将衬底引出，形成 4 个电极。使用者可视电路需要进行连接。P 型衬底接低电位，N 型衬底接高电位。但当源极电位很高或很低时，可将源极与衬底连在一起。

（2）场效应管的漏极与源极通常可以互换，且不会对管子的伏安特性曲线产生明显的影响。注意：大多产品出厂时已将源极与衬底连在一起，这时漏极与源极就不能互换了。

（3）MOS 管不使用时，由于其输入电阻非常大，因此必须将各电极短路，以免受外电场作用时损坏管子。也就是说，MOS 管在不使用时应避免栅极悬空，务必将各电极短接。

（4）焊接 MOS 管时，电烙铁必须有外接地线，用来防止电烙铁的微量漏电、屏蔽交流电场，防止损坏 MOS 管。

6. 场效应管和双极型晶体管的性能比较

场效应管的源极、栅极、漏极分别对应双极型晶体管的发射极、基极、集电极，它们的作用相似。但它们也有很多不同之处，场效应管和双极型晶体管的区别如表 5-1 所示。

表 5-1　场效应管和双极型晶体管的区别

场效应管	双极型晶体管
电压控制电流的压控器件	电流控制电流的流控器件
只有一种载流子参与导电，也正因为如此，其受温度的影响较小，热稳定性好	有两种载流子参与导电（这也是它叫双极型晶体管的原因），多子是自由电子，少子是空穴（以 NPN 型举例），少子容易受温度的影响，热稳定性差
只有一个回路参与导电，故功耗相对较小	输入/输出回路皆有电流参与，故功耗相对较大
最小可制作到纳米级，容易集成，广泛应用于大规模集成电路中	在汽车电子、无线射频电路等领域广泛应用

7. 判别 MOS 管的 3 个电极

由 MOS 管的结构和符号可知，栅极接二氧化硅绝缘保护层，它与另外两个电极均不导通，电阻为无穷大，故可用电阻挡测电阻来区分栅极（注意：测量前把 MOS 管的 3 个电极短接，以免寄生电容影响测量结果），当一个电极与另外两个电极的电阻为无穷大时，此电极为栅极，如图 5-20（a）所示。

图 5-20（b）所示为 T220 封装的场效应管，左侧第 1 个电极为栅极，依次为漏极和源

极。T220 封装的三极管的漏极与金属散热片短接在一起，此时用二极管挡可以找出漏极位于中间电极位置。

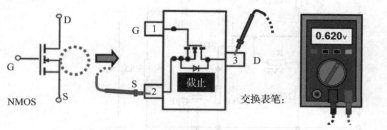

（a）用数字万用表的二极管挡测 MOS 管的寄生二极管　　　　（b）T220 封装的场效应管

图 5-20　MOS 管 3 个电极的判别

接着用数字万用表的二极管挡测量漏极、源极之间的寄生二极管，该寄生二极管的方向与符号中指向衬底的箭头方向一致，如图 5-21 所示。

（1）当红表笔（+极）接源极，黑表笔（-极）接漏极时，二极管的电压低于 0.7V，说明该管子为 NMOS 管，如图 5-21（a）所示。

（2）当红表笔（+极）接漏极，黑表笔（-极）接源极时，二极管的电压低于 0.7V，说明该管子为 PMOS 管，如图 5-21（b）所示。

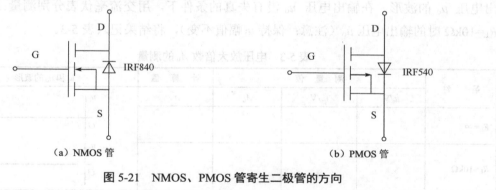

（a）NMOS 管　　　　　　　　　　　　　　　（b）PMOS 管

图 5-21　NMOS、PMOS 管寄生二极管的方向

8. 应用举例

（1）图 5-22 所示为结型场效应管共源极放大器。

（2）静态工作点的测量和调整。

按图 5-22 连接好电路，将实训台上的+12V 直流稳压电源和地连接到电路中，打开电源开关。令 $u_i=0$，用直流电压表测量 V_G、V_S 和 V_D。检查静态工作点是否在特性曲线放大区的中间部分。如果数值合适，就把结果记入表 5-2；若不合适，则适当调整 R_{g2} 和 R_S，调好后，再次测量 V_G、V_S 和 V_D 并记入表 5-2。

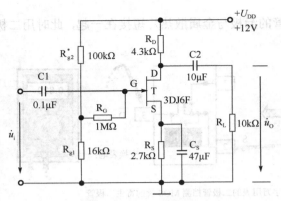

图 5-22　结型场效应管共源极放大器

表 5-2　静态工作点测量

测　量　值					计　算　值		
V_G/V	V_S/V	V_D/V	U_{DS}/V	U_{GS}/V	I_D/mA	U_{DS}/V	U_{GS}/V

（3）电压放大倍数 A_u 的测量。

在放大器的输入端加入频率为 1kHz、振幅为 50mV 的正弦信号 u_i，并用示波器监视输出电压 u_o 的波形。在输出电压 u_o 没有失真的条件下，用交流毫伏表分别测量 $R_L=\infty$ 和 $R_L=10k\Omega$ 时的输出电压 u_o（注意：保持 u_i 幅值不变），将结果记入表 5-3。

表 5-3　电压放大倍数 A_u 的测量

条　　件	测　量　值			计　算　值	u_i 和 u_o 的波形
	u_i/V	u_o/V	A_u	A_u	
$R_L=\infty$					
$R_L=10k\Omega$					

（4）用示波器同时观察 u_i 和 u_o 的波形，将它们描绘出来并分析它们之间的相位关系，记录在表 5-3 中。

 任务　三极管放大电路的焊接与测试

1．三极管放大电路的焊接

图 5-23 所示为三极管共发射极放大电路，按其进行电路的焊接与测试。接线前需要分

清三极管的 3 个引脚的排列（请参照项目四，用数字万用表区分 3 个引脚），确定三极管的 3 个引脚后，先焊接好三极管的 3 个引脚，以三极管作为中心定位，建议按电路原理图方向放置三极管，把集电极放置在最上面，发射极放置在最下面，基极放置在中间偏左边，按图 5-23 进行布局接线，各连接线距离最短，也不容易出错。

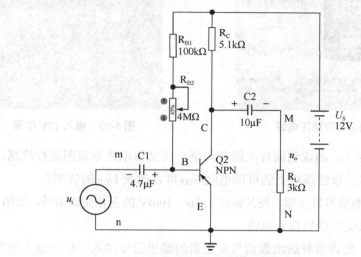

图 5-23　三极管共发射极放大电路

电容 C1 和 C2 均是有极性的电解电容。R_{B2} 为 4MΩ 可调电阻，如果没有这么大的可调电阻，则可以用 2 个 2MΩ 的可调电阻串联来代替。12V 的电源 U_s 可用排针来代替（一般设定靠上面的排针为"+12V"，靠下面的排针为"电源地"）。

2．三极管放大电路的测试

第 1 步，测试电路是否有电源短路。

电路焊接完成后，用数字万用表的电阻挡或测通断/二极管挡测量"+12V"和"电源地"之间是否有短路。把数字万用表调整到测通断/二极管挡，把万用表的红、黑表笔分别接到印制电路板的"+12V"和"电源地"上，如果数字万用表的蜂鸣器响起，则说明两端之间有短路，此时需要根据电路原理图进行电路检查，排除错误。在进行短路测量时，如果蜂鸣器没有响起，则说明两端之间没有短路，即可进行后续测试。

第 2 步，调节直流稳压电源，输出 12V 电压。

调节直流稳压电源 A、B 任意一组，使其输出电压为 12V，电压值可通过直流稳压电源的液晶屏显示，也可以用数字万用表的直流电压挡来测量，如图 5-24 所示。把调节好的 12V 电压的电源用带鳄鱼夹的导线分别引入电路的"+12V"和"电源地（−）"，如图 5-25 所示，注意分清楚电路中的电源端和地端，一般红色鳄鱼夹接电源端，黑色鳄鱼夹接地端。用数字万用表的直流电压挡测试三极管集电极和发射极两端的电压 U_{CE}，用一字螺丝刀调

节可调电阻 R_{B2}（由于本项目用 2 个 2MΩ 可调电阻代替 1 个 4MΩ 可调电阻，因此调节时两个可调电阻需要配合使用），使 U_{CE} 为 6V。

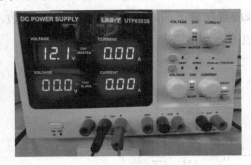

图 5-24　调节直流稳压电源

图 5-25　接入 12V 电源

如果 U_{CE} 没有变化，则说明硬件电路有问题，需要按电路原理图进行检测，并修改电路。思考为什么调节三极管基极上的可调电阻 R_{B2} 可以改变 U_{CE} 的值呢？

第 3 步，调节函数信号发生器，使其输出 1kHz、10mV 的正弦交流信号，如图 5-26 所示。

第 4 步，把正弦交流信号接入电路。

如图 5-27 所示，把调节好的函数信号发生器的输出信号接入三极管放大电路的输入端 m，信号地和电源地接在一起。把示波器的探针接到放大电路的输出端 M，示波器的接地端也接到电源地，观测输出波形的大小和形状。

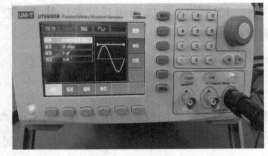

图 5-26　调节函数信号发生器

图 5-27　接入函数信号发生器的输出信号和示波器探针

第 5 步，读出输出电压的峰峰值。改变输入信号，使其分别为 5mV、10mV、15mV，测试输出电压的峰峰值并填入表 5-4。

操作完成后，去除输入端 m 的输入信号和输出端 M 的探针，按第 2 步调节 R_{B2} 的阻值，使得 U_{CE} 约为 9V（尽量接近 9V），改变输入信号，使其分别为 5mV、10mV、15mV，再次测试输出电压的峰峰值并填入表 5-4。

操作完成后，去除输入端 m 的输入信号和输出端 M 的探针，按第 2 步调节 R_{B2} 的阻值，使得 U_{CE} 约为 0.3V（尽量接近 0.3V），改变输入信号，使其分别为 5mV、10mV、15mV，测试输出电压的峰峰值并填入表 5-4。

表 5-4　放大电路测试数据

序号	U_{CE}/V	输入信号/mV	输入信号峰峰值	输出信号峰峰值	电压放大倍数	失真情况	评分
1	6	5					
2		10					
3		15					
4	9	5					
5		10					
6		15					
7	0.3	5					
8		10					
9		15					

所有测试完成后，计算电压放大倍数，观察波形情况。思考当 U_{CE}=6V 时，三极管处于什么工作状态？当 U_{CE}=9V 时，三极管处于什么工作状态？当 U_{CE}=0.3V 时，三极管处于什么工作状态？相应的输出波形的形状是否与输入波形的形状不同？即输出波形是否失真？是什么失真？

3．所需元器件

本任务所需元器件如表 5-5 所示。

表 5-5　本任务所需元器件

元 器 件	型号或规格	数　量	备　注
印制电路板		1块	
电烙铁、镊子、焊锡丝等焊接工具		1套	
NPN 型三极管	8050	1只	
可调电阻	2MΩ	2个	
电解电容	4.7μF	1个	
	10μF	1个	
电阻	3kΩ	1个	
	5.1kΩ	1个	
	100kΩ	1个	
排针	1个4针、3个2针	10针	
直流稳压电源	可调直流稳压电源32V	1个	

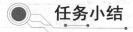

任务小结

◆ 三极管共发射极交流信号放大电路的工作原理及电路分析。

◆ 函数信号发生器的使用方法。

◆ 场效应管的使用方法。

◆ 通过三极管共发射极放大电路的焊接与测试，深入了解三极管的 3 种工作状态的特征及条件。

● **学习心得**

● **课后练习**

一、填空题

1. 基本放大电路的 3 种组态分别是_____放大电路、_____放大电路和_____放大电路。

2. 放大电路应遵循的基本原则是_____结正偏、_____结反偏。

3. 将放大器_____的全部或部分通过某种方式回送到输入端，这部分信号叫作_____信号。使放大器净输入信号减小，放大倍数减小的反馈称为_____反馈；使放大器净输入信号增大，放大倍数增大的反馈称为_____反馈。放大电路中常用的负反馈类型有_____负反馈、_____负反馈、_____负反馈和_____负反馈。

4. 对放大电路来说，人们总是希望电路的输入电阻_____越好，因为这可以减轻信号源的负荷；人们又希望放大电路的输出电阻_____越好，因为这可以增强放大电路整个的带负载能力。

5. 反馈电阻 R_E 的数值通常为_____，它不但能够对直流信号产生_____作用，而且能够对交流信号产生_____作用，从而造成电压增益下降过多。为了不使交流信号削弱，一般在 R_E 两端_____电容。

6. 放大电路有两种工作状态，当 $u_i=0$ 时，电路的工作状态称为_____态；当有交流信号 u_i 输入时，放大电路的工作状态称为_____态。在_____态情况下，三极管各极电压、电流均包含_____分量和_____分量。放大器的输入电阻越_____，就越能从前级信号源获得较大的电信号；输出电阻越_____，放大器的带负载能力就越强。

二、单选题

1. 双极型晶体管有 3 个工作区，分别为（　　）。

　　A．放大区、击穿区、饱和区

　　B．放大区、截止区、可变电阻区

　　C．正向导通区、截止区、饱和区

　　D．放大区、截止区、饱和区

2. 测得 NPN 型三极管上各电极对地电位分别为 V_E=2.1V、V_B=2.8V、V_C=4.4V，说明此三极管处在（　　）。

　　A．放大区　　　　　B．饱和区　　　　　C．截止区　　　　　D．反向击穿区

3. 图 5-28 所示为小王设计的玩具电风扇自动运行控制电路。其中，R2 为热敏电阻，当室温升高到一定值时，R_2 变小，U_{CE}<0.3V，风扇电机 M 转动。此时，三极管处于（　　）。

　　A．放大状态　　　　B．饱和状态　　　　C．截止状态　　　　D．闭合状态

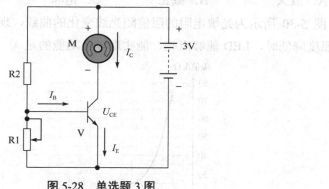

图 5-28　单选题 3 图

4. 图 5-29 所示为用三极管控制 LED 工作的电路，根据 Q1 基极的输入情况控制 LED 发光或不发光。现要将该电路用于下雨提示，当湿敏电阻检测到雨水时，接通电路，使 LED 发光连接正确的是（　　）。

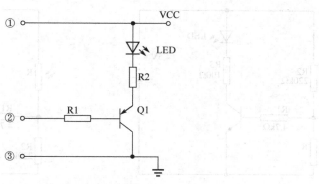

图 5-29　单选题 4 图

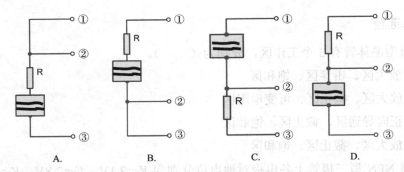

A.	B.	C.	D.

5．如果三极管工作在饱和区，则两个 PN 结的状态分别为（　　）。

    A．发射结正偏，集电结正偏　　　　　　B．发射结正偏，集电结反偏

    C．发射结反偏，集电结正偏　　　　　　D．发射结反偏，集电结反偏

6．在硅三极管放大电路中，工作时测得集电极与发射极之间的直流电压 $U_{CE}=0.3V$，此时三极管工作于（　　）状态。

    A．放大　　　　　B．截止　　　　　C．饱和　　　　　D．击穿

7．图 5-30 所示为光敏电阻的阻值随光线变化的曲线，现采用光敏电阻作为传感器，当光线照度降低时，LED 能够点亮，能实现以上功能的是（　　）。

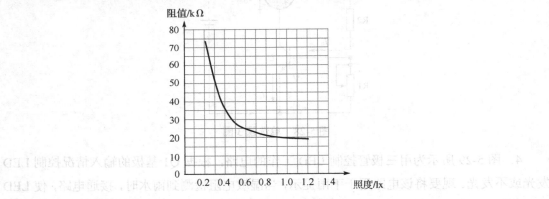

图 5-30　单选题 7 图

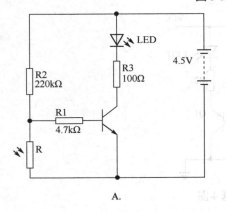

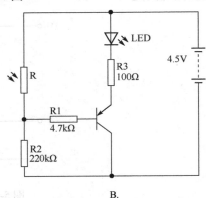

A.　　　　　　　　　　　　　　　　　　　　　B.

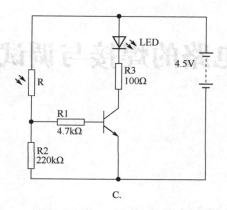

C.

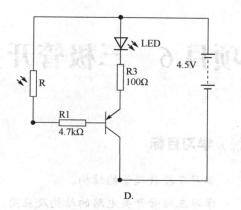

D.

8. 三极管超过（　　　）时必定损坏。

A. 集电极最大允许电流 I_{CM}

B. 集射极间反向击穿电压 $U_{(BR)CEO}$

C. 集电极最大允许耗散功率 P_{CM}

D、管子的电流放大倍数

9. 要使三极管具有电流放大能力，必须满足的是（　　　）。

A. 发射结正偏，集电结正偏　　　B. 发射结反偏，集电结反偏

C. 发射结正偏，集电结反偏　　　D. 发射结反偏，集电结正偏

三、判断题

1. 放大电路中的输入信号和输出信号的波形总是反相关系。　　　（　　　）

2. 放大电路中的所有电容所起的作用均为通交隔直。　　　　（　　　）

3. 射极输出器的电压放大倍数等于 1，因此它在放大电路中的作用不大。（　　　）

4. 分压式偏置共发射极放大电路是一种能够稳定静态工作点的放大器。（　　　）

5. 设置静态工作点的目的是让交流信号叠加在直流信号上全部通过放大器。（　　　）

项目 6　三极管开关电路的焊接与调试

 **学习目标**

◆ 学习 7 段数码管的结构。

◆ 学习三极管开关电路的结构及应用。

知识点脉络图

本项目知识点脉络图如图 6-1 所示。

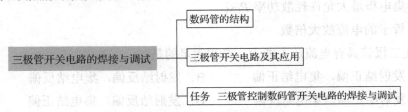

图 6-1　本项目知识点脉络图

相关知识点

6.1　数码管的结构

7 段数码管是最常见的显示器件，其引脚图如图 6-2（a）所示。它共有 10 个引脚，上、下各 5 个，其内部由 8 段发光二极管组成。发光二极管的所有阳极接在一起组成的数码管称为共阳极数码管，其内部结构如图 6-2（b）所示；发光二极管的所有阴极接在一起组成的数码管称为共阴极数码管，其内部结构如图 6-2（c）所示。

1 位数码管由 8 段发光二极管组成，8 段发光二极管分为 a、b、c、d、e、f、g、dp，如图 6-2（a）所示。com 引脚为公共端引出脚，为方便数码管接线，公共端 com 分别从两个方向引出，即数码管上、下的中间脚（第 3 脚和第 8 脚）均为公共端 com。

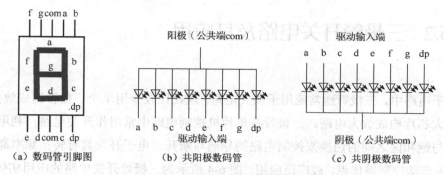

（a）数码管引脚图　　　　　（b）共阳极数码管　　　　　（c）共阴极数码管

图 6-2　7 段数码管的引脚图和内部结构图

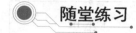

随堂练习

　　用数字万用表的测通断/二极管挡测试数码管，首先把数字万用表调到测通断/二极管挡，并按下 SELECT 按键，显示屏下面中间位置显示二极管符号（不同型号的数字万用表选择测通断/二极管挡的方式各不相同，需要操作者参考数字万用表使用说明）。如图 6-3 所示，把数字万用表的一表笔接数码管的公共端，另一表笔接 a、b、c、d、e、f、g、dp 任意一端，看相应段发光二极管是否亮，如果不亮，就把两表笔互换一下，并再次观察发光二极管的发光情况，以此来判断所测数码管是共阴极数码管，还是共阳极数码管，以及数码管是否有发光二极管段损坏。

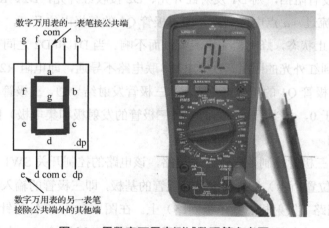

图 6-3　用数字万用表测试数码管参考图

　　测试心得：
_____
_____
_____

6.2 三极管开关电路及其应用

在电子电路中，三极管通常应用于放大电路，现在比较少用单个三极管构成放大电路，而常用放大芯片构成放大电路。三极管在单片机控制电路中常用作开关电路，利用三极管在截止区与饱和区之间的切换来控制电路的导通与断开。电子开关具有转换频率高、无机械损耗、可自动控制等优点，被广泛应用。图 6-4 所示为三极管开关电路的应用实例——红外对射报警电路。

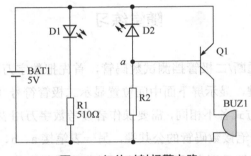

图 6-4 红外对射报警电路

在图 6-4 中，红外发射管 D1 和红外接收管 D2 安装在入口的两侧，如果没有人经过，即 D1 和 D2 之间没有阻挡，则 D1 发射红外光、D2 接收红外光，D2、R2 串联电路导通，电阻 R2 上有电流流过，a 点电位升高，即三极管 Q1 的基极电位升高，三极管发射结不导通，三极管处于截止状态，蜂鸣器无电流流过而不响。当 D1 和 D2 之间有阻挡时，即有人经过，D2 接收不到红外光的照射，D2、R2 串联电路不导通，即电阻 R2 上无电流流过，a 点电位为零，即三极管 Q1 的基极电位为零，三极管发射结导通，三极管处于饱和状态，即 $U_{EC} < 0.3V$，趋近于 0，相当于开关的两端（三极管的发射极和集电极）闭合，蜂鸣器有电流流过而发出声响。

图 6-5 所示为三极管控制数码管开关电路，该电路的控制开关 SW1（可用 3 针排针代替，如图 6-6 相应位置所示）公共端接在三极管的基极，即三极管的输入回路上，数码管接在三极管的输出回路（发射极、集电极回路）上。在图 6-6 中，3 针排针的 1 脚接地；2 脚接电阻 R1 左边，通过电阻 R1 与三极管 Q1 的基极相连；3 脚接+5V 电源。当将短接帽插在 1、2 脚上时，三极管的基极通过电阻 R1 接地，发射极接+5V 电源，两引脚电位差大于一个 PN 结的压差（硅管为 0.7V），三极管发射结导通。此时，由于基极电阻很小，因此 I_B 导通电流非常大，$I_C = \beta I_B$，三极管直接进入饱和导通状态。此时，U_{EC} 的值很小，约为 0.3V，因为 5V−0.3V=4.7V，所以 4.7V 电压加在数码管上，数码管通电显示 "8"，此时相当于开关闭合的效果。当将短接帽插在排针 2、3 上时，三极管的基极通过电阻 R1 接+5V 电源，

发射极也接+5V 电源，发射结两引脚电位差为零，发射结不导通，三极管截止。此时，$I_B=0$，$I_C=0$，数码管无电流流过，不显示，相当于开关断开的效果。

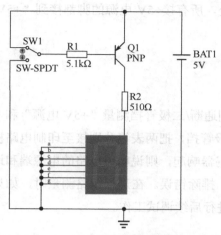

图 6-5　三极管控制数码管开关电路　　　　图 6-6　三极管控制数码管开关电路实物图

　　PNP 型三极管和 NPN 型三极管均可以应用于开关电路。当三极管构成开关电路时，用电设备串联在发射极、集电极形成的三极管输出回路上，基极接单片机或其他控制电路。通过改变三极管的基极电位来控制三极管处于饱和导通或截止状态，以此来控制用电设备是否工作。

 随堂练习

　　（1）设计一个 PNP 型三极管控制一个发光二极管工作的开关电路，画出电路原理图，并仿真测试。

　　（2）设计一个 NPN 型三极管控制一个发光二极管工作的开关电路，画出电路原理图，并仿真测试。

◆ 任务　三极管控制数码管开关电路的焊接与调试

1. 三极管控制数码管开关电路的焊接

　　请按如图 6-5 所示的三极管控制数码管开关电路进行电路的焊接与调试。接线前需要分清楚三极管的 3 个电极所对应的引脚（请参照项目 4，用数字万用表测试与区分三极管的 3 个引脚），三极管的 3 个电极确定后，先以三极管的 3 个引脚作为中心定位，建议按图 6-5 放置三极管的 3 个电极，即发射极放置在最上面，集电极放置在最下面，基极放置在中间。

本任务采用的是 1 位共阳极数码管，用 2 个 5 孔的插孔条作为数码管底座，2 个插孔条左右对齐，相隔 5 行孔距。在电路中，510Ω 电阻接上面插孔条的中间脚，即数码管的公共端。电路中所有接地脚都接到"电源地"排针处，所有接+5V 电源的脚都接到"+5V 电源"排针处，如图 6-6 所示。

2．三极管控制数码管开关电路的调试

第 1 步，测试所接电路是否有电源短路。

电路焊接完成后，用数字万用表的电阻挡或测通断/二极管挡测量"+5V 电源"和"电源地"两端之间是否有短路。这里选择测通断/二极管挡，把两表笔分别接至印制电路板的"+5V 电源"和"电源地"，如果数字万用表的蜂鸣器响起，则说明该电路的电源端和地端之间有短路，需要根据电路原理图进行电路检查，排除错误。在进行短路测量时，如果蜂鸣器没有响，则说明该两端之间没有短路，即可进行后续调试工作。

第 2 步，接入直流 5V 电源。

调节直流稳压电源任意一组电压，使其输出为 5V，用鳄鱼夹连接线把调节好的电源分别加载到印制电路板的"+5V 电源"和"电源地"，注意正负极别接反了，一般红色鳄鱼夹一头接直流稳压电源的+5V，另一头接印制电路板的"+5V 电源"；黑色鳄鱼夹连接直流稳压电源的负极和印制电路板的"电源地"。

第 3 步，将短接帽作为开关。

先用短接帽（或母口对母口杜邦线）短接图 6-6 中的排针 2、3，看看数码管是否亮；再用短接帽短接图 6-6 中的排针 1、2，看看数码管是否亮。

看看数码管什么时候亮，此时三极管处于什么工作状态？测量 U_{BE} 和 U_{EC}。当数码管不亮时，三极管处于什么工作状态？测量 U_{BE} 和 U_{EC}，分析原因。

3．所需元器件

本任务所需元器件如表 6-1 所示。

表 6-1　本任务所需元器件

元 器 件	型号或规格	数　量	备　注
印制电路板	—	1 块	
电烙铁、镊子、焊锡丝等焊接工具	—	1 套	
NPN 型三极管	8550	1 个	
插孔条	2 个 5 孔	10 孔	
数码管	1 位共阳极	1 个	
电阻	510Ω	1 个	
	5.1kΩ	1 个	
排针	1 个 3 针、2 个 2 针	7 针	
直流稳压电源	可调直流稳压电源 32V	1 个	

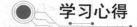

任务小结

◆ 7 段数码管有共阴极和共阳极两种类型。

◆ 在三极管开关电路中，三极管在饱和导通、截止两种工作状态之间切换。

◆ 三极管开关电路设计。

学习心得

课后练习

1. 当有 $I_C=\beta I_B$ 时，三极管工作在（　　）。

    A．饱和区   B．放大区

    C．截止区   D．击穿区

2. NPN 型三极管 3 个电极的电位分别为 $V_C=3.3V$，$V_E=3V$，$V_B=3.7V$，该三极管工作在（　　）。

    A．饱和区   B．截止区

    C．放大区   D．击穿区

3. 下列是三极管各电极电位，处于放大工作状态的三极管是（　　）。

    A．$V_C=0.3V$，$V_E=0$，$V_B=0.7V$

    B．$V_C=4.5V$，$V_E=0$，$V_B=0.7V$

    C．$V_C=6V$，$V_E=0$，$V_B=-3V$

    D．$V_C=2.5V$，$V_E=2V$，$V_B=2.7V$

4. 工作在放大区的某三极管，如果当 I_B 从 12μA 增大到 22μA 时，I_C 从 1mA 变为 2mA，那么它的 β 约为（　　）。

    A．83   B．91

    C．100   D．不确定

5. 工作于放大状态的 PNP 型三极管的各电极电位必须满足（　　）。

    A．$V_C>V_B>V_E$ B．$V_C<V_B<V_E$

C. $V_B>V_C>V_E$ D. $V_C>V_E>V_B$

6. 用直流电压表测量 NPN 型三极管各电极电位分别为 V_B=4.7V，V_C=4.3V，V_E=4V，该三极管工作于（　　）。

A. 截止状态   B. 饱和状态

C. 放大状态   D. 击穿状态

7. 当 NPN 型三极管处于放大工作状态时，各电极电位满足（　　）。

A. $V_C>V_E>V_B$ B. $V_C>V_B>V_E$

C. $V_C<V_E<V_B$ D. $V_C<V_B<V_E$

8. 用数字万用表的电阻挡测得三极管任意两引脚之间的电阻均很小，说明该三极管的（　　）。

A. 两个 PN 结均击穿   B. 两个 PN 结均开路

C. 发射结击穿，集电结正常   D. 发射结正常，集电结击穿

项目 7　集成运算放大器

学习目标

◆ 学习集成运算放大器的电路结构及基础知识。
◆ 学习集成运算放大器的主要参数及理想化条件。
◆ 学习集成运算放大器的典型应用。

知识点脉络图

本项目知识点脉络图如图 7-1 所示。

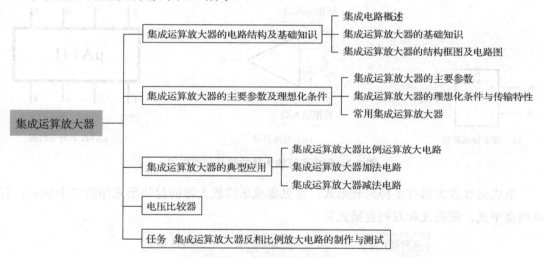

图 7-1　本项目知识点脉络图

相关知识点

7.1　集成运算放大器的电路结构及基础知识

1. 集成电路概述

在半导体制造工艺的基础上，把整个电路的元器件制作在一块硅基片上，构成具有特定功能的电子电路，称为集成电路（IC）。集成电路的体积小，但性能很好。自 1958 年世界上第一块集成电路问世至今，集成电路历经 60 多年的发展，已深入工农业、日常生活及科技领域的各种产品中，在农业机械、电视、电冰箱、空调、卫星、导弹、舰船等方面均有应用。随着人工智能技术的发展，集成电路的应用将更加广泛。近年来，我国的集成电路产业在技术水平上取得了显著进步，高端芯片设计能力不断提升，集成电路制造工艺水平也得到了大幅提高，部分企业的制造工艺已经达到国际领先水平，但仍面临着一些挑战和问题，需要继续推动集成电路产业的发展与创新。

2. 集成运算放大器的基础知识

集成运算放大器初期用于模拟计算机进行数学运算，故而得名，简称集成运放。该集成电路是一种具有差分输入和多级直接耦合的高电压增益、宽频带、高输入电阻和低输出电阻的放大器，其符号和引脚图如图 7-2 所示。

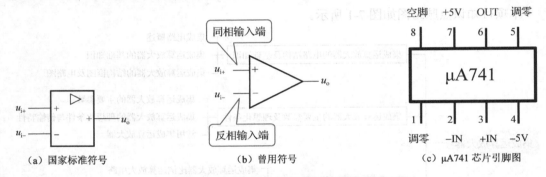

（a）国家标准符号　　　　　　（b）曾用符号　　　　　　（c）µA741 芯片引脚图

图 7-2　集成运算放大器的符号和引脚图

集成运算放大器有多种封装形式，常见集成运算放大器的封装形式如图 7-3 所示，有单列扁平式、圆壳式和双列直插式等。

图 7-3　常见集成运算放大器的封装形式

3. 集成运算放大器的结构框图及电路图

集成运算放大器由差分输入级、中间放大级、输出级、偏置电路组成，如图 7-4 所示。差分输入级采用差分输入电路，差分输入电路的对称特性可提高整个电路的共模抑制比和电路抗干扰性能。中间放大级的主要作用是提高电压增益，一般由多级放大电路组成。输出级常用电压跟随器或互补电压跟随器组成，以减小输出电阻，增强带负载能力。

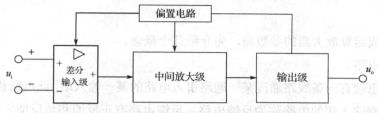

图 7-4　集成运算放大器的结构框图

集成运算放大器 μA741 的电路原理图如图 7-5 所示。其中，加粗横线表示差分输入级信号输出到中间放大级的通路，各部分功能说明如下。

- ◆ 差分输入级：差分放大电路有两个输入端，如图 7-5 所示的 3 端和 2 端，其中，3 端为同相输入端，2 端为反相输入端，其电路结构一致，所用的元器件参数也一致。差分输入的两个输入端的电路结构具有对称性，使得当相同的输入信号同时输入差分输入的两个输入端时，在理想状态下，从两个输出端得到大小相等的两个输出信号。当这个相同的输入信号为干扰信号时，通过差分输入，最终输出为零，电路不受干扰信号的影响，因此差分输入有很好的抗干扰能力。
- ◆ 中间放大级：采用共发射极多级放大电路，有较大的电流放大倍数。
- ◆ 输出级：采用互补式共集电极放大电路，有较小的输出电阻，较强的带负载能力。
- ◆ 偏置电路：为上述各级提供静态偏置电流，确定各级静态工作点。

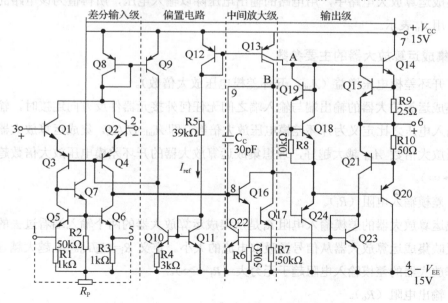

图 7-5　集成运算放大器 μA741 的电路原理图

◆ 7.2 集成运算放大器的主要参数及理想化条件

在介绍集成运算放大器的参数前，先介绍几个概念。

（1）闭环电路。

电路的输出端有一条线路通过某一通路引入电路的某一输入端，此电路称为闭环电路，从输出端反馈到输入端的电路称为反馈电路。反馈电路有正反馈和负反馈之分，当反馈信号增强输出信号时，该反馈电路为正反馈电路；当反馈信号减弱输出信号时，该反馈电路为负反馈电路。

（2）开环电路。

电路的输出端没有反馈电路接到电路的输入端，此电路称为开环电路。

（3）共模输入信号。

共模输入信号是指两个输入信号幅度相等、极性相同，即两输入信号大小相等、方向相同。

（4）差模输入信号。

差模输入信号是指两个输入信号幅度相等、极性相反，即两输入信号大小相等、方向相反。

（5）电路电压增益（电压放大倍数）。

在集成运算放大电路中，用电路的输出电压除以输入电压，所得值为该电路的电压放大倍数，用 A_u 表示。

1. 集成运算放大器的主要参数

（1）开环差模电压增益（A_{ud}，开环差模电压放大倍数）。

当集成运算放大器的输出端与输入端之间无任何外接元器件反方向连接时，输出电压与差模输入电压之比定义为开环差模电压放大倍数，即 $A_{ud}=U_o/U_i$。集成运算放大器的开环差模电压放大倍数 A_{ud} 越大越好，理想集成运算放大器的开环差模电压放大倍数趋于无穷大（$A_{ud}\rightarrow\infty$）。

（2）差模输入电阻（R_i）。

集成运算放大器的差模输入电阻 R_i 是从集成运算放大器的两个输入端看过去的等效电阻。它反映集成运算放大器从信号源吸取电流的大小。定义 $R_i=U_{id}/I_{id}$。R_i 越大越好，理想集成运算放大器的差模输入电阻趋于无穷大（$R_i\rightarrow\infty$）。

（3）输出电阻（R_o）。

集成运算放大器的输出电阻是从集成运算放大器的输出端向集成运算放大器方向看过

去的等效信号源内阻。集成运算放大器的输出电阻越小越好，理想集成运算放大器的输出电阻趋于零（$R_o \to 0$）。

（4）共模抑制比（K_{CMR}）。

共模抑制比是集成运算放大器的差模电压放大倍数与共模电压放大倍数之比。集成运算放大器的共模抑制比越大越好，理想集成运算放大器的共模抑制比趋于无穷大（$K_{CMR} \to \infty$）。

① 差模电压放大倍数。集成运算放大电路对差模输入电压的放大倍数称为差模电压放大倍数，用 A_d 表示，即

$$A_d = \Delta u_o / \Delta u_{id} = \Delta u_o / 2u_{i1}$$

② 共模电压放大倍数。集成运算放大电路对共模输入电压的放大倍数称为共模电压放大倍数。如果集成运算放大电路两输入端的电路结构一致，则两共模输出电压之差为零，即共模电压放大倍数为零。当差分放大电路的两差分输入端硬件完全对称时，共模信号放大输出为零，即完全抑制了共模信号。

2．集成运算放大器的理想化条件与传输特性

（1）集成运算放大器的理想化条件。

利用集成运算放大器引入各种不同的反馈，可以构成具有不同功能的实用电路。在对集成运算放大器进行分析时，通常把它看作一个理想集成运算放大器。用理想集成运算放大器代替实际集成运算放大器进行分析，分析过程可大大简化。理想集成运算放大器的主要条件如下。

◆ 开环差模电压放大倍数：$A_{ud} \to \infty$。

◆ 输入电阻：$R_i \to \infty$。

◆ 输出电阻：$R_o \to 0$。

◆ 共模抑制比：$K_{CMR} \to \infty$。

（2）集成运算放大器的传输特性。

根据集成运算放大器的实际特性和理想特性，分别画出其相应的传输特性，如图 7-6 所示。可以看出，当集成运算放大器工作在线性区（$-U_{OM} \sim +U_{OM}$）时，实线为其理想特性，虚线为其实际特性，实际特性与理想特性非常接近，由于集成运算放大器的电压放大倍数相当大，因此，即使输入电压很低，也足以让集成运算放大器工作于饱和状态，使输出电压保持稳定。集成运算放大器工作在线性区时，输出电压与输入电压之间的关系为

$$U_O = A_{ud}(U_+ - U_-)$$

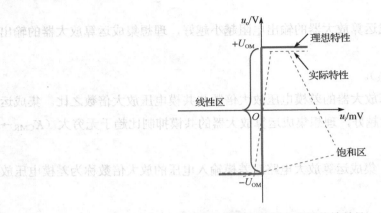

图 7-6 集成运算放大器的传输特性

（3）"虚短"的概念。

由于理想集成运算放大器的开环差模电压放大倍数 $A_{ud} \to \infty$，因此可以认为理想集成运算放大器的两个输入端的压差近似为零，即同相输入端与反相输入端的电位几乎相等。图 7-7 所示为理想集成运算放大器的两个输入端信号示意图，同相输入端信号为 u_{i+}，反相输入端信号为 u_{i-}，由于理想集成运算放大器的开环差模电压放大倍数为无穷大，因此 Δu_i 趋于无穷小，即 $\Delta u_i = u_{i+} - u_{i-} \approx 0$，从而有 $u_{i+} \approx u_{i-}$。具体推导过程如下：

$$A_{ud} = \frac{\Delta u_o}{\Delta u_i} \to \infty$$

$$\Delta u_i \to 0$$

$$\Delta u_i = u_{i+} - u_{i-} \approx 0$$

$$u_{i+} \approx u_{i-}$$

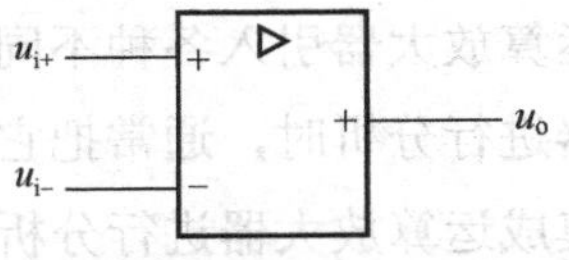

图 7-7 理想集成运算放大器的两个输入端信号示意图

由于理想集成运算放大器的两个输入端的压差为零，像是两端短接在一起，但实际上两端没有短接在一起，也不能短接在一起，因此称为"虚短"。

（4）"虚断"的概念。

由于理想集成运算放大器的输入电阻 $R_i \to \infty$，因此根据欧姆定律，可推导出理想集成运算放大器的两个输入端间的输入电流很小，约等于 0，即 $i_+ \approx 0$，$i_- \approx 0$，相当于两个输入端与内电路断开，但实际上没有断开，也不能断开，故称为"虚断"。图 7-8 所示为理想集成运算放大器的两个输入端信号电压和电流示意图。具体推导过程如下：

$$R_i \to \infty$$

$$i_+ = \frac{u_{i+}}{R_i} \approx 0$$

$$i_- = \frac{u_{i-}}{R_i} \approx 0$$

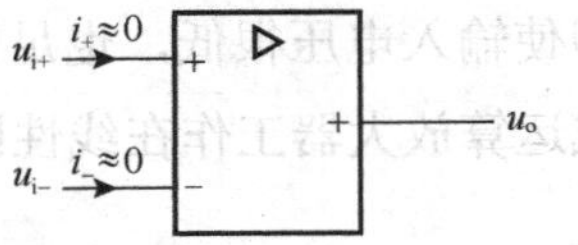

图 7-8 理想集成运算放大器的两个输入端信号电压和电流示意图

实际集成运算放大器并不具备理想化条件，但集成运算放大器一般都具有很大的输入电阻（R_{id} 为 10～1000kΩ）、很小的输出电阻（R_o 为 50～500Ω）和很大的开环电压放大倍数（A_{OL} 为 $1×10^4$～$1×10^6$）。高性能集成运算放大器的性能参数更加接近理想化条件。因此，利用理想集成运算放大器的"虚短"和"虚断"概念来分析实际集成运算放大电路，其结果一般不会引起明显的误差，因此，由理想集成运算放大器得出的上述两个重要概念是分析集成运算放大器线性电路的基本出发点。

3．常用集成运算放大器

常用集成运算放大器如下。

μA741：TI 单路通用集成运算放大器。

μA747：TI 双路通用集成运算放大器。

LM358/A：ST 低功耗双集成运算放大器。

LM346：ST 可编程四双极型集成运算放大器。

LMV321：TI 低电压单集成运算放大器。

LMV324：TI 低电压四集成运算放大器。

常用集成运算放大器实物图如图 7-9 所示。

图 7-9　常用集成运算放大器实物图

 ## 7.3　集成运算放大器的典型应用

当集成运算放大器通过外接电路引入负反馈时，集成运算放大器处于闭环工作状态，并且工作于线性区。集成运算放大器工作在线性区可构成模拟信号运算放大电路、正弦波振荡电路和有源滤波电路等。在对集成运算放大器应用电路进行分析的过程中，一般将实体集成运算放大器视为理想集成运算放大器来处理，只有在需要研究应用电路的误差时，才会考虑实际集成运算放大器的特性带来的影响。

1. 集成运算放大器比例运算放大电路

集成运算放大器比例运算放大电路实现输出信号与输入信号成比例的放大，称为比例放大器。集成运算放大器比例运算放大电路有反相比例放大电路和同相比例放大电路两种。

（1）集成运算放大器反相比例放大电路。

图 7-10 所示为集成运算放大器反相比例放大电路，信号电压 u_i 通过 R_i 接入集成运算放大器的反相输入端，通过 R_f 引入负反馈，同相输入端接地。根据理想集成运算放大器"虚短"和"虚断"的概念，且同相输入端接地，有

$$u_+ = u_- = 0$$
$$i_+ = i_- = 0$$
$$i_i = \frac{u_i - u_-}{R_i} = \frac{u_i}{R_i}$$
$$i_f = \frac{u_- - u_o}{R_f} = -\frac{u_o}{R_f}$$

对于节点 N，根据基尔霍夫电流定律，有

$$i_i = i_f + i_-$$

因为 $i_- = 0$，所以

$$i_i = i_f$$
$$\frac{u_i}{R_i} = -\frac{u_o}{R_f}$$
$$A_u = \frac{u_o}{u_i} = -\frac{R_f}{R_i}$$

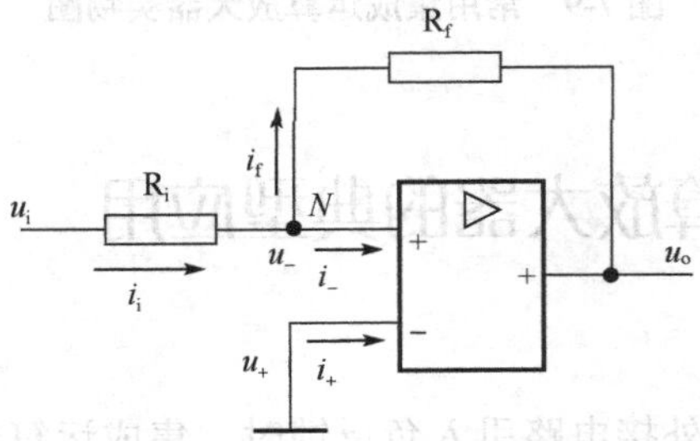

图 7-10　集成运算放大器反相比例放大电路

由上面的分析可知，集成运算放大器反相比例放大电路的电压放大倍数 A_u 与 R_f 和 R_i 有关，而与集成运算放大器本身的电压放大倍数无关。

实际在设计集成运算放大器反相比例放大电路时，还应在集成运算放大器的同相输入端接一个电阻 R2 后接地，如图 7-11 所示。$R_2 = R_i // R_f$，R2 为平衡电阻，用于平衡差分输入

电路两输入端的接入电阻，使同相输入端和反相输入端的外接电阻尽可能相等，从而使集成运算放大器的零点漂移接近零，共模电压放大倍数趋于零，共模抑制比趋于无穷大，使实际集成运算放大器更接近理想集成运算放大器。

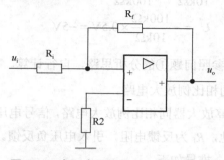

图 7-11　实际应用的反向比例放大电路

例 7-1　计算如图 7-12 所示的集成运算放大器反相比例放大电路的输出电压。

① 当 $U_i=0.5V$ 时，输出电压 U_o 等于多少？

② 把电阻 R1 与+12V 电源断开，接入−12V 电压，当 $U_i=-1V$ 时，输出电压 U_o 等于多少？

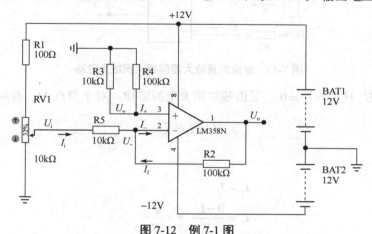

图 7-12　例 7-1 图

【解】① 由"虚短"和"虚断"的概念可知

$$U_+ = U_-,\ I_+ = I_- = 0$$

由于同相输入端通过电阻接地，因此 $U_+ = 0$，从而 $U_- = 0$，根据基尔霍夫电流定律，有

$$I_i = I_f + I_-$$

因此

$$I_i = I_f$$

$$I_i = \frac{U_i - U_-}{R_i} = \frac{0.5V - 0}{10k\Omega} = \frac{0.5V}{10k\Omega}$$

$$I_f = \frac{U_- - U_o}{R_f} = \frac{0 - U_o}{100\text{k}\Omega} = -\frac{U_o}{100\text{k}\Omega}$$

$$\frac{0.5\text{V}}{10\text{k}\Omega} = -\frac{U_o}{100\text{k}\Omega}$$

$$U_o = -\frac{100\text{k}\Omega}{10\text{k}\Omega} \times 0.5\text{V} = -5\text{V}$$

② 当 $U_i = -1\text{V}$ 时，请参照问题①的分析思路，自行计算。

（2）集成运算放大器同相比例放大电路。

图 7-13 所示为集成运算放大器同相比例放大电路，信号电压 U_i 从同相输入端输入，反相输入端通过电阻 R1 接地，R_f 为反馈电阻，引入电压负反馈。运用理想集成运算放大器"虚短"和"虚断"的概念，推导如下。

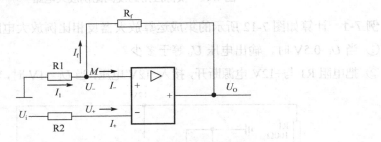

图 7-13 集成运算放大器同相比例放大电路

因为 $U_+ = U_-$ 且 $I_+ = I_- = 0$，又由基尔霍夫电流定律，对于节点 M，有如下等式：

$$I_1 = I_f + I_-$$

所以有

$$I_1 = I_f$$

$$I_1 = \frac{0 - U_-}{R_1} = -\frac{U_-}{R_1}$$

$$I_f = \frac{U_- - U_o}{R_f}$$

$$-\frac{U_-}{R_1} = \frac{U_- - U_o}{R_f}$$

$$-U_- R_f = R_1 U_- - R_1 U_o$$

$$R_1 U_o = (R_1 + R_f) U_-$$

$$\frac{U_o}{U_-} = \frac{R_1 + R_f}{R_1} = 1 + \frac{R_f}{R_1}$$

因为支路电流 $I_+ = 0$，R_2 无压降，所以有

$$U_+ = U_i$$
$$U_+ = U_i = U_-$$
$$A_u = \frac{U_o}{U_i} = \frac{U_o}{U_-} = 1 + \frac{R_f}{R_1}$$

由上面的推导可知，集成运算放大器同相比例放大电路的电压放大倍数仅与 R_f 和 R_1 有关，而与集成运算放大器本身的电压放大倍数无关。

例 7-2　请仿照图 7-14 在 Proteus 中搭建测试电路图，输入电压如表 7-1 所示，分别测量输出电压 U_o，计算电压放大倍数，并填入表 7-1。（Proteus 仿真图所需器件：LM358N、RESISTOR。）

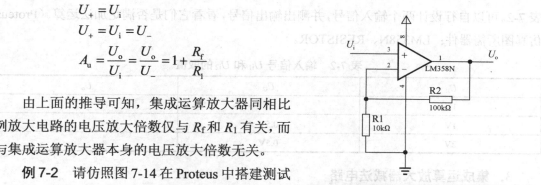

图 7-14　集成运算放大器同相比例放大电路

表 7-1　例 7-2 表

U_i	U_o	$A_u = U_o/U_i$
0.2V		
0.5V		

2．集成运算放大器加法电路

如图 7-15 所示，在集成运算放大器的同相输入端接两个输入信号 U_{i1} 和 U_{i2}，反相输入端接两个并联电阻 R4、R5 后接地，输出端通过反馈电阻 R3 接反相输入端，构成加法电路，能实现 $U_{i1} + U_{i2} = U_o$。

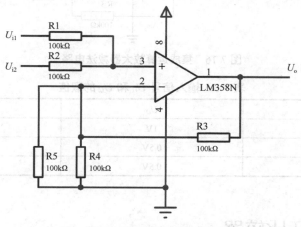

图 7-15　集成运算放大器加法电路

学生可在 Proteus 中搭建如图 7-15 所示的电路，对由集成运算放大器构成的加法电路进行测试。输入信号 U_{i1} 和 U_{i2} 的取值如表 7-2 所示，分别测量对应的输出电压 U_o，并填入

表 7-2。可以自行设计两个输入信号，并测出输出信号，看看它们是否满足加法运算。（Proteus 仿真图所需器件：LM358N、RESISTOR。）

表 7-2　输入信号 U_{i1} 和 U_{i2} 的取值

U_{i1}	U_{i2}	U_o
1V	2V	
1V	0.5V	
2V	0.5V	

3．集成运算放大器减法电路

如图 7-16 所示，在集成运算放大器的同相输入端输入信号 U_{i1}，反相输入端输入信号 U_{i2}，输出端通过反馈电阻 R3 接反相输入端，构成减法电路，能实现 $U_{i1}-U_{i2}=U_o$。

学生可在 Proteus 中搭建如图 7-16 所示的电路，对由集成运算放大器构成的减法电路进行测试。输入信号 U_{i1} 和 U_{i2} 的取值如表 7-3 所示，分别测量对应的输出电压 U_o，并填入表 7-3。可以自行设计两个输入信号，并测出输出信号，看看它们是否满足减法运算。（Proteus 仿真图所需器件：LM358N、RESISTOR。）

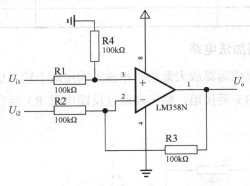

图 7-16　集成运算放大器减法电路

表 7-3　输入信号 U_{i1} 和 U_{i2} 的取值

U_{i1}	U_{i2}	U_o
2V	1V	
1V	0.5V	
2V	0.5V	

7.4　电压比较器

电压比较器的符号与集成运算放大器的符号相同，电压比较器的输出多采用集电极开路结构，集成运算放大器多采用推挽输出。电压比较器一般用于开环电路，它将一个模拟量电压信号和一个固定参考电压相比较，在二者幅度相等的附近，输出电压将发生跃变，输出高电平或低电平。电压比较器可用作模拟电路和数字电路的转接口，也可将正弦波变为同频率的方波或矩形波。电压比较器 LM393 的引脚图和内部结构图如图 7-17 所示。

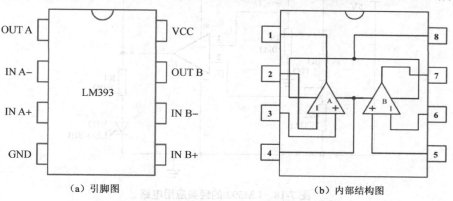

（a）引脚图　　　　　　　　　　　　（b）内部结构图

图 7-17　电压比较器 LM393 的引脚图和内部结构图

表 7-4 所示为 LM393 引脚功能表，由图 7-17（b）和表 7-4 可知，LM393 有两个独立的电压比较器 A 和 B，引脚 1、2、3 为电压比较器 A，引脚 5、6、7 为电压比较器 B，公用引脚 8（电源正极）和引脚 4（接地端）为两电压比较器的公用电源。在使用时，可以根据需要选择其中一个电压比较器接入电路。

表 7-4　LM393 引脚功能表

引 脚 号	符 号	功 能
1	OUT A	输出端 A
2	IN A–	反相输入端 A
3	IN A+	同相输入端 A
4	GND	接地端
5	IN B+	同相输入端 B
6	IN B–	反相输入端 B
7	OUT B	输出端 B
8	VCC	电源正极

图 7-18 所示为 LM393 的经典应用电路，该电路运用了其中的电压比较器，反相输入端 U_- 接在串联电阻 R1 和 R2 之间，由串联电路特性可知，$U_- =2.5V$，为参考电压，输入电压 U_i 加在同相输入端，接在开关和电阻 R5 之间。

（1）当开关断开时，同相输入端通过 R5 与地相连，$U_+ =0<U_-$，输出端（引脚 1）为低电平，$U_o=0$，发光二极管不亮。

（2）当开关闭合时，同相输入端与电源相连，$U_+ =5V>U_-$，输出端（引脚 1）为高电平，

$U_o=1$，发光二极管亮。

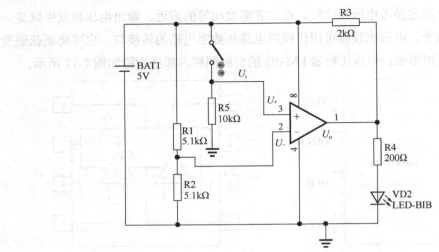

图 7-18　LM393 的经典应用电路

思考题：LM393 与 LM358N 的引脚功能一样，两者能否直接互换？

电压比较器和集成运算放大器虽然在电路图中的符号相同，但这两种器件有非常大的区别，一般不可以互换。两者的区别如下。

（1）电压比较器的翻转速度快，大约为纳秒数量级；而集成运算放大器的翻转速度一般为微秒数量级（特殊的高速集成运算放大器除外）。

（2）集成运算放大器可以接入负反馈，而电压比较器则不能接入负反馈，虽然电压比较器也有同相和反相两个输入端，但因为其内部没有相位补偿电路，所以当接入负反馈时，电路不能稳定工作。

（3）集成运算放大器的输出级一般采用推挽电路；而多数电压比较器的输出级为集电极开路结构，需要接上拉电阻。

 # 任务　集成运算放大器反相比例放大电路的制作与测试

1. 集成运算放大器反相比例放大电路设计

利用 LM358N 和给定的其他元器件设计一个输入为 1.5V、输出为-3.5V 的放大电路。参考图 7-19 进行设计。

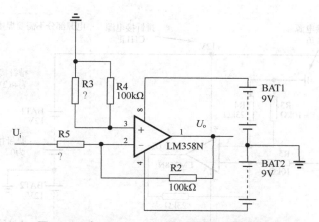

图 7-19　由 LM358N 组成的反相比例放大电路

电路要求：

$$U_i = 1.5V, \quad U_o = -3.5V$$

$$A_u = U_o / U_i$$

$$= -3.5V / 1.5V$$

$$= -7 / 3$$

由于集成运算放大器反相比例放大电路的开环差模电压放大倍数的公式为

$$A_{ud} = -\frac{R_f}{R_i}$$

因此有

$$\frac{R_f}{R_i} = \frac{7}{3}$$

在此电路中，反馈电阻 R_f 是哪个电阻？输入电阻又是哪个电阻？R5 和 R3 的阻值又应该选多大呢？先完成下面的集成运算放大器反相比例放大电路的焊接与测试，再来回答这些问题。

2. 集成运算放大器反相比例放大电路的焊接与连线

按照图 7-20 进行元器件的布局与焊接。在进行电路布局时，以 8 脚芯片插座为中心，8 脚芯片引脚编号规则与集成芯片引脚编号规则一致，是逆时针编号，凹口朝上放置，芯片左上角第 1 个引脚为芯片的第 1 脚，芯片左下角最后一个引脚为芯片的第 4 脚，芯片右上角第 1 个引脚为芯片的第 8 脚，LM358N 芯片引脚编号类似于图 7-17（b）。其余元器件就近放置在相应引脚附近，这样的电路布局接线最短，电路可靠性更好。图 7-21 所示为集成运算放大器反相比例放大电路焊接实物图。

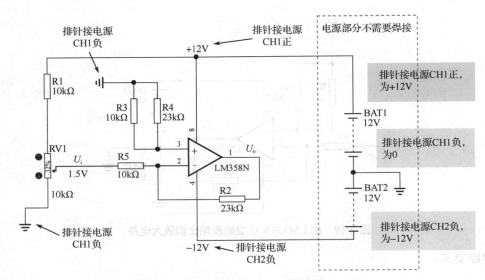

图 7-20　集成运算放大器反相比例放大电路

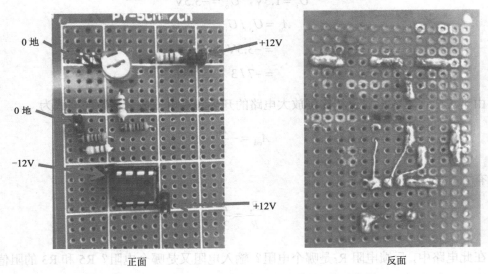

图 7-21　集成运算放大器反相比例放大电路焊接实物图

3．集成运算放大器反相比例放大电路测试

焊接完成后，检查电路，无误后，将直流稳压电源调节出+12V、−12V 电压（先把直流稳压电源的 CH1 和 CH2 分别调节输出电压 12V，再把 CH1 的负极用导线与 CH2 的正极连接在一起，形成电源地，CH1 的正极为+12V 电压，CH2 的负极为−12V 电压），把+12V、电源地和−12V 电压分别加载到图 7-20 中的相应位置。调节可调电阻 RV1，使 U_i 为 1.5V，用数字万用表的直流电压挡测试输出电压 U_o，计算电压放大倍数 U_o/U_i。

（1）调节可调电阻 RV1，使输入电压分别为 1V、2V、3V，测量输出电压 U_o，并记录下来，求出该电路的电压放大倍数 U_o/U_i。

（2）断开可调电阻 RV1 的中间脚与电阻 R5 的连接，把函数信号发生器产生的交流信号（50mV/1kHz）接入电阻 R5 的左边，用示波器观测输入和输出信号波形图，并求出该电路的电压放大倍数 U_o/U_i。

4. 所需元器件

本任务所需元器件如表 7-5 所示。

表 7-5　本任务所需元器件

元 器 件	型号或规格	数 量	备 注
印制电路板	—	1 块	
电烙铁、镊子、焊锡丝等焊接工具	—	1 套	
LM358 芯片	LM358N	1 片	
芯片插座	8 脚	1 个	
电阻	10kΩ	3 个	
	23kΩ	2 个	
可调电阻	10kΩ	1 个	
排针	2 针电源 2 个、2 针地 1 个、2 针负电源 1 个	8 针	
直流稳压电源	可调直流稳压电源 32V	1 个	

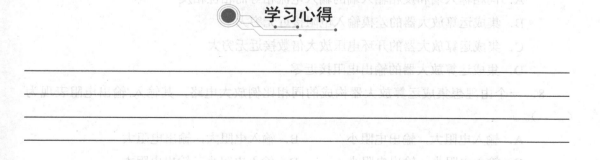

任务小结

◆ 集成运算放大器由差分输入级、中间放大级、输出级和偏置电路组成。

◆ 理想集成运算放大器具有输入电阻无穷大、输出电阻无穷小、开环差模电压放大倍数无穷大、共模拟制比无穷大等特点，可用于实际集成运算放大器电路的分析。

◆ 理想集成运算放大器的"虚短"和"虚断"的概念可应用于比例运算放大电路的分析中。

◆ 集成运算放大器反相比例放大电路的电压放大倍数仅与反馈电阻和反相输入端电阻有关，等于 $-(R_f/R_i)$。集成运算放大器同相比例放大电路的电压放大倍数等于 $1+R_f/R_i$。

学习心得

● 课后练习 ●

一、单选题

1. 在集成运算放大器的内部结构中，级间耦合方式是（   ）。

    A. 阻容耦合   B. 直接耦合

    C. 变压器耦合   D. 光电耦合

2. 集成运算放大器对差分输入级的主要要求是具有（   ）。

    A. 尽可能大的电压放大倍数

    B. 尽可能强的带负载能力

    C. 尽可能大的输入电阻，尽可能小的零点漂移

    D. 尽可能小的输出电阻

3. 集成运算放大器对输出级的主要要求是（   ）。

    A. 输出电阻小，带负载能力强   B. 能抑制零点漂移

    C. 电压放大倍数非常大   D. 输入电阻非常大

4. 集成运算放大器的共模抑制比越大，表示该组件（   ）。

    A. 对差模信号的放大倍数越大   B. 抑制零点漂移的能力越强

    C. 带负载能力越强   D. 输出电阻越小

5. 集成运算放大器的中间放大级的主要特点是具备（   ）。

    A. 足够的带负载能力   B. 足够大的输入电阻

    C. 足够小的输出电阻   D. 足够大的电压放大倍数

6. 理想集成运算放大器的开环电压放大倍数 A_{OL}（   ）。

    A. 无穷大   B. 为零

    C. 为 10 万～100 万   D. 由外围电路决定

7. 理想集成运算放大器的两个输入端的输入电流等于零，其原因是（   ）。

    A. 同相输入端和反相输入端的输入电流相等而相位相反

    B. 集成运算放大器的差模输入电阻接近无穷大

    C. 集成运算放大器的开环电压放大倍数接近无穷大

    D. 集成运算放大器的输出电阻接近零

8. 一个由理想集成运算放大器构成的同相比例放大电路，其输入/输出电阻表现为（   ）。

    A. 输入电阻大，输出电阻小   B. 输入电阻大，输出电阻大

    C. 输入电阻小，输出电阻小   D. 输入电阻小，输出电阻大

二、填空题

1. 集成运算放大器具有_____和_____两个输入端，输入方式有_____输入、_____输入和_____输入 3 种。

2. 理想集成运算放大器工作在线性区时有两个重要特点：一是差模输入电压_____，称为_____；二是输入电流_____，称为_____。

3. 理想集成运算放大器的 A_{u0}=_____，R_i=_____，R_o=_____，K_{CMR}=_____。

4. 集成运算放大器的非线性应用常见的有_____。

5. 若要集成运算放大器工作在线性区，则必须在电路中引入_____反馈；若要集成运算放大器工作在非线性区，则必须在电路中引入_____反馈或集成运算放大器处于_____工作状态。

三、判断题

1. 电压比较器的输出电压只有两种数值。 （   ）

2. 集成运算放大器使用时不接负反馈，电路中的电压放大倍数称为开环电压放大倍数。
（   ）

3. "虚短"就是两点并不真正短接，但具有相等的电位。 （   ）

4. "虚地"是指该点与"地"相接后，具有"地"的电位。 （   ）

5. 集成运算放大器不仅能处理交流信号，还能处理直流信号。 （   ）

6. 集成运算放大器工作在开环状态下，输入与输出之间存在线性关系。 （   ）

7. 同相输入和反相输入的运算放大器电路都存在"虚地"现象。 （   ）

8. 对于由理想集成运算放大器构成的线性应用电路，电压放大倍数与集成运算放大器本身的参数无关。 （   ）

四、计算题

1. 如图 7-22 所示，已知 R_1=2kΩ，R_f=5kΩ，R_2=2kΩ，R_3=18kΩ，u_i=1V，求输出电压 u_o。

2. 如图 7-23 所示，已知 R_f=5R_1，输入电压 u_i=5mV，求输出电压 u_o。

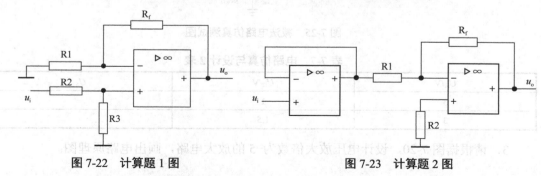

图 7-22　计算题 1 图　　　　　　　　　　图 7-23　计算题 2 图

五、电路仿真与设计

1．图 7-24 所示为由 LM358N 构成的同相比例放大电路，请在 Proteus 中搭建并测试该电路，将测试结果填入表 7-6。

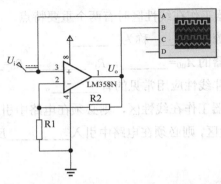

图 7-24　同相比例放大电路仿真测试图

表 7-6　电路仿真与设计 1 表

U_i/mV	R_1/kΩ	R_2/kΩ	U_o	A_u
20	5	100		
10	10	100		
20	10	100		

2．图 7-25 所示为由 LM358N 构成的减法电路，请在 Proteus 中搭建并测试该电路，将测试结果填入表 7-7。

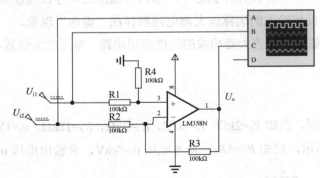

图 7-25　减法电路仿真测试图

表 7-7　电路仿真与设计 2 表

U_{i1}/V	U_{i2}/V	U_o
3	1	
3	1.5	

3．请根据图 7-20，设计电压放大倍数为−5 的放大电路，画出电路原理图。

模块 3
综合应用部分

项目 8　NE555 集成电路的功能及应用

学习目标

◆ 学习 NE555 芯片的结构与工作原理。

◆ 学习 NE555 的典型应用。

◆ 学习 NE555 组成的呼吸灯电路的焊接与调试方法。

知识点脉络图

本项目知识点脉络图如图 8-1 所示。

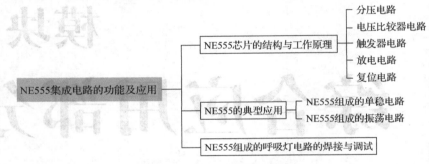

图 8-1　本项目知识点脉络图

相关知识点

8.1　NE555 的结构与工作原理

　　NE555 集成电路最初用于定时器，因此也叫 555 定时器或 555 时基电路。后来经过开发，它除了可用于定时、延时控制，还可用于调光、调温、调压、调速等多种控制及计量检测。它工作可靠、使用方便、价格低廉，目前被广泛应用于各种电子产品中。NE555 集成电路内部有几十个元器件，如分压器、电压比较器、基本 RS 触发器、放电管及缓冲器等，电路比较复杂，是模拟电路和数字电路的混合体。

　　图 8-2 所示为 NE555 芯片引脚图，图 8-3 所示为 NE555 芯片内部结构图。由图 8-3 可

知，NE555 芯片由 6 部分组成：第 1 部分由 3 个 5kΩ 电阻 R1、R2、R3 串联构成分压电路，第 2 部分由电压比较器 A、B 构成两个电压比较器电路，第 3 部分由一个三输入或非门 C 和一个二输入或非门 D 构成触发器电路，第 4 部分由非门 E 构成复位电路，第 5 部分由或非门 F 和非门 G、H 构成门控制电路，第 6 部分由场效应管 K 构成放电电路。NE555芯片各引脚功能如表 8-1 所示。

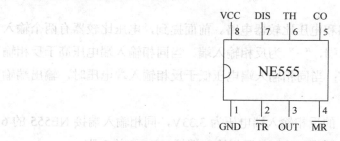

图 8-2　NE555 芯片引脚图

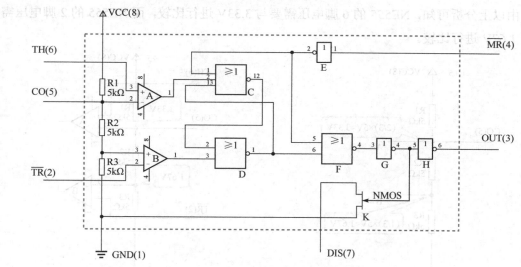

图 8-3　NE555 芯片内部结构图

表 8-1　NE555 芯片各引脚功能

引　　脚	功　　能	引　　脚	功　　能
1	接地	5	控制端
2	触发输入端	6	阈值端（输入）
3	输出端	7	放电端
4	复位端	8	电源端（5～18V）

1．分压电路

图 8-4 所示为 NE555 分压电路，3 个 5kΩ 电阻 R1、R2、R3 串联在电压 VCC 和 GND之间，其中，电阻 R1 和 R2 之间连接了电压比较器 A 的反相输入端（用 A-表示）与 NE555

的 5 脚控制端，R2 和 R3 之间连接了电压比较器 B 的同相输入端，此处用 B+表示。

如果在 VCC 和 GND 之间加 5V 电压，则 3 个 5kΩ 电阻均分 5V 电压，以 GND 为参考点，B+端的电位是 R3 两端的电压，即(1/3)×5V ≈ 1.67V；A-端的电位是 R2 和 R3 两个电阻两端的电压之和，即(2/3)×5V ≈ 3.33V。

2. 电压比较器电路

图 8-5 所示为 NE555 分压电路和电压比较器电路。前面提到，电压比较器有两个输入端，一个输出端。"+"为同相输入端，"-"为反相输入端，当同相输入端电压高于反相输入端电压时，输出端输出逻辑"1"；当同相输入端电压低于反相输入端电压时，输出端输出逻辑"0"。

如图 8-5 所示，电压比较器 A 的反相输入端电压为 3.33V，同相输入端接 NE555 的 6 脚；电压比较器 B 的同相输入端电压为 1.67V，反相输入端接 NE555 的 2 脚。

由以上分析可知，NE555 的 6 脚电压需要与 3.33V 进行比较，而 NE555 的 2 脚电压需要与 1.67V 进行比较。

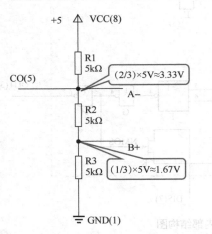

图 8-4 NE555 分压电路

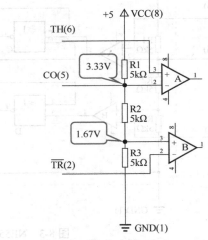

图 8-5 NE555 分压电路和电压比较器电路

3. 触发器电路

如图 8-6 所示，虚线框部分是由两个或非门构成的触发器电路，或非门在输入为"0"时，对输出结果不起决定作用；只有在输入为"1"时，才能使触发器的输出为"0"。也就是说，只有当电压比较器 A、B 输出高电平时，才能决定输出结果。要使电压比较器 A 输出高电平，输入端 TH(6)的电压必须高于 $2V_{CC}/3$（3.33V）；要使电压比较器 B 输出高电平，输入端 $\overline{TR}(2)$ 的电压必须低于 $V_{CC}/3$（1.67V）。

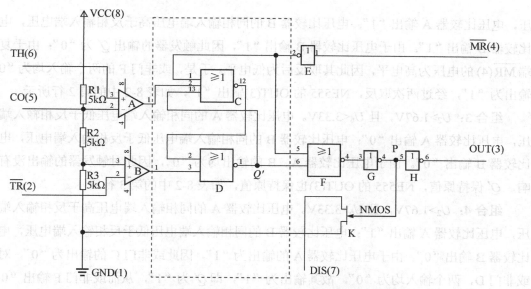

图 8-6　三输入或非门 C 和二输入或非门 D 构成的触发器电路

两个输入端 TR(2) 和 TH(6) 共有 4 种组合。下面对所有可能的组合分别进行分析，得出电压比较器 A、B 的输出、触发器的输出 Q'、NE555 输出端 OUT(3) 的取值。在分析过程中，注意两个输入端 TR(2) 和 TH(6) 的比较参考电压不同，输入端 TR(2) 与 1.67V 电压进行比较，输入端 TH(6) 与 3.33V 电压进行比较。

分析时，把输入端 TR(2) 的电压用 U_2 表示，输入端 TH(6) 的电压用 U_6 表示。高电平用逻辑 "1" 表示，低电平用逻辑 "0" 表示。复位端 $\overline{MR}$(4) 的电压为高电平（非复位状态）。按表 8-2 中的顺序进行分析。

表 8-2　NE555 功能分析表

输入端 TR(2) U_2 与 V_{CC}/3 相比	输入端 TR(6) U_6 与 V_{CC}2/3 相比	电压比较器 A 的输出	电压比较器 B 的输出	触发器的输出	NE555 的输出（3 脚）
0　（U_2<1.67V）	0　（U_6<3.33V）	0	1	0	1
0　（U_2<1.67V）	1　（U_6>3.33V）	1	1	0	1
1　（U_2>1.67V）	0　（U_6<3.33V）	0	0	保持	保持
1　（U_2>1.67V）	1　（U_6>3.33V）	1	0	1	0

组合 1：U_2<1.67V，且 U_6<3.33V。电压比较器 A 的同相输入端电压低于反相输入端电压，电压比较器 A 输出 "0"；电压比较器 B 的同相输入端电压高于反相输入端电压，电压比较器 B 输出 "1"。由于电压比较器 B 输出 "1"，因此触发器的输出 Q' 为 "0"；而复位端 $\overline{MR}$(4) 的电压为高电平，其取反后为低电平。因此，或非门 F 的两个输入均为 "0"，输出为 "1"，经过两次取反，NE555 的 OUT(3) 输出 "1"，如表 8-2 中的第 1 行所示。

组合 2：U_2<1.67V，且 U_6>3.33V。电压比较器 A 的同相输入端电压高于反相输入端电压，电压比较器 A 输出"1"；电压比较器 B 的同相输入端电压高于反相输入端电压，电压比较器 B 输出"1"。由于电压比较器 B 输出"1"，因此触发器的输出 Q' 为"0"；由于复位端 $\overline{MR}(4)$ 的电压为高电平，因此其取反后为低电平。于是，或非门 F 的两个输入均为"0"，输出为"1"，经过两次取反，NE555 的 OUT(3)输出"1"，如表 8-2 中的第 2 行所示。

组合 3：$U_2>1.67V$，且 $U_6<3.33V$。电压比较器 A 的同相输入端电压低于反相输入端电压，电压比较器 A 输出"0"；电压比较器 B 的同相输入端电压低于反相输入端电压，电压比较器 B 输出"0"。由于电压比较器 A、B 的输出均为"0"，因此对触发器的输出没有影响，Q' 保持原值，NE555 的 OUT(3)也保持原值，如表 8-2 中的第 3 行所示。

组合 4：$U_2>1.67V$，且 $U_6>3.33V$。电压比较器 A 的同相输入端电压高于反相输入端电压，电压比较器 A 输出"1"；电压比较器 B 的同相输入端电压低于反相输入端电压，电压比较器 B 输出"0"。由于电压比较器 A 的输出为"1"，因此或非门 C 的输出为"0"，对于或非门 D，两个输入均为"0"，故其输出为"1"，即 Q' 为"1"，从而或非门 F 输出"0"，经过两次取反，NE555 的 OUT(3)输出"0"，如表 8-2 中的第 4 行所示。

由以上分析可知以下几点。

（1）当输入端 $\overline{TR}(2)$ 为低电平时，即 $\overline{TR}(2)$ 的电压低于 1.67V，$\overline{TR}(2)$ 直接起作用，使 OUT(3)输出高电平。

（2）当输入端 TH(6)和 $\overline{TR}(2)$ 均为高电平，即 TH(6)的电压高于 3.33V，$\overline{TR}(2)$ 的电压高于 1.67V 时，OUT(3)输出低电平。

（3）当输入端 TH(6)为低电平，输入端 $\overline{TR}(2)$ 为高电平，即 TH(6)的电压低于 3.33V，$\overline{TR}(2)$ 的电压高于 1.67V 时，OUT(3)为"保持"状态。

4．放电电路

如图 8-6 所示，K 为 NMOS 管，DIS(7)放电端与 NMOS 管的漏极相连，NMOS 管的源极与地相连，NMOS 管的栅极连接到非门 G 的输出端（P 端）。

当 P 端为高电平时，NMOS 管导通，漏极与源极相连接，DIS(7)接地，为低电平。当 P 端为高电平时，经 H 非门取反后为低电平，即 OUT(3)输出低电平。当 P 端为低电平时，NMOS 管截止，漏极与源极断开，漏极悬空，DIS(7)为高电平。当 P 端为低电平时，经 H 非门取反后为高电平，即 OUT(3)输出高电平。

由以上分析可知，DIS(7)与 OUT(3)的电位相同，由于 DIS(7)悬空时为高电平，此时 DIS(7)并不对外输出电流，因此称之为"虚高"，称输出端 OUT(3)为"实高"。

5．复位电路

如图 8-6 所示，$\overline{MR}(4)$ 为复位端，当 $\overline{MR}(4)$ 为低电平时，无论输入端 TR(2)和 TH(6)状态如何，输出端 OUT(3)的输出都为低电平。

小结：通过以上分析，NE555 的功能（见表 8-3）总结如下。

- 当 $\overline{MR}$(4) 为低电平时，输出端 OUT(3)输出低电平；当 $\overline{MR}$(4) 为高电平时，NE555 正常工作。
- 当 $\overline{MR}$(4) 为高电平，输入端 $\overline{TR}$(2) 为低电平时，无论 TH(6)电位如何，输出端 OUT(3)均输出高电平。
- 当 $\overline{MR}$(4) 与输入端 $\overline{TR}$(2) 和 TH(6)同时为高电平时，输出端 OUT(3)输出低电平。
- 当 $\overline{MR}$(4) 和输入端 $\overline{TR}$(2) 为高电平、输入端 TH(6)为低电平时，输出端 OUT(3)保持原始状态。
- DIS(7)为放电端，其与输出端 OUT(3)的电位相同，当输出端 OUT(3)为高电平时，DIS(7)与地断开而悬空，为高电平；当输出端 OUT(3)为低电平时，DIS(7)与地连接，为低电平。

表 8-3　NE555 的功能表

复位端 （4 脚）	TH （6 脚）	$\overline{TR}$ （2 脚）	OUT （3 脚）	放电端 （7 脚）
1	1	1	0	接地
1	1	0	1	开路
1	0	0	1	开路
1	0	1	保持	保持
0	X	X	0	接地

8.2　NE555 的典型应用

NE555 的应用电路很多，只要改变其外部附加电路，就可以构成几百种应用电路，NE555 的典型应用主要有单稳电路和振荡电路。

1. NE555 组成的单稳电路

如图 8-7 所示，将 NE555 的 6、7 脚连接起来接在电容 C_T 和电阻 R_T 串联电路中间，2 脚作为唯一的输入端，5 脚接 $0.1\mu F$ 电容后接地，1 脚接地，4 脚和 8 脚接 5V 电源，3 脚为输出端。此电路从 2 脚输入脉冲信号 "0"，从 3 脚输出逻辑 "1"，延时一段时间后，3 脚返回逻辑 "0"。此过程为单次脉冲启动过程，此电

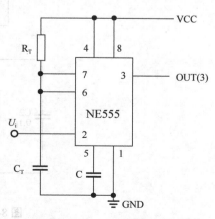

图 8-7　NE555 组成的单稳电路

路的稳定状态是输出"0"状态，该电路称为单稳电路。

单稳电路的工作原理如下。

（1）稳态：电路接通电源并稳定后，电容 C_T 两端电压为5V，6脚接在电容 C_T 的非接地端，即6脚电压为5V高电平；2脚悬空，为高电平；4脚接高电平。根据表8-3中的第1行，3脚输出为低电平"0"，7脚与地相连接。在没有外电路的触发状态下，单稳电路的输出稳定于输出为"0"的状态。

（2）暂稳态：电路接通电源并稳定后，当2脚输入低电平时，根据表8-3中的第2、3行，3脚输出为高电平"1"；7脚与地断开而悬空，为高电平。5V电压通过电阻 R_T 对电容 C_T 充电，当 C_T 两端电压高于3.33V时，6脚为高电平；当2脚的低电平信号离开后，2脚悬空，为高电平。当2、6脚均为高电平时，根据表8-3中的第1行，3脚输出为低电平"0"，7脚与地相连接，CT 上的电荷很快通过7脚对地放电，电容 C_T 两端电压为零，即 $U_{CT}=0$，为下一次延时控制做准备。暂稳态结束，输出返回稳态。只有当2脚收到第2个低电平信号时，才进入输出为"1"的暂稳态。电路的延时时间与 C_T 和 R_T 有关：

$$T_D=1.1R_TC_T$$

2．NE555 组成的振荡电路

图8-8所示为NE555组成的振荡电路，2脚和6脚连接在一起，6脚通过电阻 R_B 与7脚相连接，6脚也通过电容 C1 与地相连接，即 $U_2=U_6=U_C$；7脚经 R_A 与5V电源相连接，5脚接 0.1μF 电容后接地，1脚接地，4脚和8脚接电源。此电路的输出在"0"和"1"之间不停地转换，形成振荡输出信号，称为振荡电路。

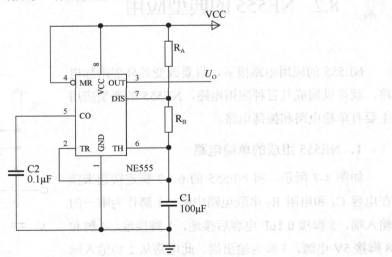

图 8-8　NE555 组成的振荡电路

该振荡电路的工作原理如下。

0 态→1 态：接上电源后，设初始状态输出 U_o=0，则放电端（7 脚）接地，电容 C1 通过 R_B 对地放电，当 U_C 放电到低于 1.67V 时，由于 U_2=U_6=U_C，因此 2 脚为低电平"0"，输出立即翻转成 U_o=1。

1 态→0 态：由于 U_o=1，因此放电端与地断开，5V 电源通过 R_A 和 R_B 给电容 C1 充电，当电容 C1 两端电压高于 3.33V 时，由于 U_2=U_6=U_C，因此 2 脚和 6 脚均为高电平"1"，输出立即翻转成 U_o=0。

当 U_o=0 时，电路又将进行 0 态→1 态的翻转，翻转周而复始地进行，3 脚输出交替的"0""1"脉冲信号。脉冲方波的占空比可由 R_A、R_B 和 $C1$ 的比例来决定。

 ## 任务　NE555 组成的呼吸灯电路的焊接与调试

1. 呼吸灯电路的焊接

按照图 8-9 进行元器件的布局与连线，在进行电路布局时，以 8 脚芯片插座为中心，其余元器件就近放置在相应引脚附近，这样的电路接线最短，电路可靠性更好。图 8-10 所示为呼吸灯电路实物图。

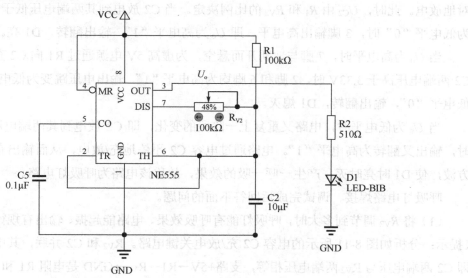

图 8-9　NE555 组成的呼吸灯电路

图 8-10　呼吸灯电路实物图

2. 呼吸灯电路的调试

请按图 8-9 连接与焊接电路，检查无误后，接通 5V 电源，调节可调电位器 R_{V2}，观察 D1 可否闪烁，产生呼吸灯效果。如果调节可调电位器 R_{V2}，D1 一直亮或一直不亮，不能产生呼吸灯效果，则按电路原理图检查电路，直至 D1 能正常闪烁，产生呼吸灯效果。

该电路的两个输入端 2 脚和 6 脚接在一起，连接电容 C2 和电阻 R1、R_{V2}。由于 NE555 内部结构的原因，当 2 脚电压高于 1.67V 时，2 脚为高电平"1"；当 6 脚电压高于 3.33V 时，6 脚为高电平"1"。把 2 脚和 6 脚接到一起，并连接电容 C2，$U_2=U_6=U_{C2}$。

当输出端 3 脚即电压 U_o 为低电平时，7 脚接地，电源通过 R1、R_{V2} 接地，C2 通过 R_{V2} 对地放电。此时，U_{C2} 由 R_1 和 R_{V2} 的比例决定。当 C2 放电到其两端电压低于 1.67V，2 脚为低电平"0"时，3 脚输出高电平，即 U_o 为高电平"1"，输出翻转，D1 亮。

当 U_o 为高电平时，7 脚与地断开而悬空，为虚高 5V 电源通过 R1 向 C2 充电，当电容 C2 两端电压高于 3.33V 时，2 脚和 6 脚均为高电平"1"，输出电压跳变为低电平，即 U_o 为低电平"0"，输出翻转，D1 熄灭。

当 U_o 为低电平时，电路又重复上一阶段的变化，即 C2 放电到其两端电压低于 1.67V 时，输出又翻转为高电平"1"。电路通过电容 C2 不停地充/放电，从而输出有规律的脉冲方波，使 D1 时亮时灭，产生一呼一吸的效果，故称该电路为呼吸灯电路。

呼吸灯电路焊接、调试完成后回答下面的问题。

（1）将 R_{V2} 调节到多大时，呼吸灯能有呼吸效果、电路能起振、输出有规律脉冲方波？（提示：分析如图 8-11 所示的电容 C2 充/放电关键电路。R_{V2} 和 C2 并联，其中一端接地，即 C2 两端电压与 R_{V2} 两端电压相等，支路+5V→R1→R_{V2}→GND 是电阻 R1 和可调电阻 R_{V2} 串联在 5V 电源电路上，按串联电路分压情况来计算 R_{V2} 两端电压，$U_{RV2}=[5/(R_{V2}+R_1)]\times R_{V2}$，由于可调电阻 R_{V2} 两端电压即电容 C2 两端电压，也是输入端 2 脚和 6 脚的电压，只有在该电压低于 1.67V 时，才能使输入端 2 脚为低电平，从而使输出翻转为高电平，D1 亮，呼吸灯电路得以正常工作。如果在支路+5V→R1→R$_{V2}$→GND 中，可调电阻 R$_{V2}$ 所获得的电压始终高于 1.67V，则电路输出一直为"0"，电路无法起振，没有呼吸灯效果。例如，在如图 8-11 所示的电容 C2 充/放电关键电路中，当 R_{V2}>5kΩ 时，呼吸灯电路无法起振，LED"不呼吸"。）

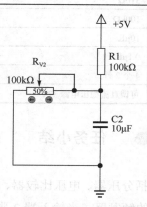

图 8-11　电容 C2 充/放电关键电路

（2）当把 C2 改为 100μF 时，呼吸灯电路会发生什么变化？请仿真测试，并说说 C2 的作用。

_____

_____

_____

_____

（3）当 R_1=47kΩ 时，需要通过调整哪个设备来维持呼吸灯效果？说说 R1 的作用。

_____

_____

_____

_____

_____

3．所需元器件

本任务所需元器件如表 8-4 所示。

表 8-4　本任务所需元器件

元 器 件	型号或规格	数　量	备　注
印制电路板	—	1 块	
电烙铁、镊子、焊锡丝等焊接工具	—	1 套	
NE555 芯片	NE555	1 片	
芯片插座	8 脚	1 个	
电阻	100kΩ	1 个	
	510Ω	1 个	
可调电阻	100kΩ	1 个	
电解电容	10μF	1 个	
104 电容	0.1μF	1 个	
排针	4 个 2 针	8 针	
直流稳压电源	可调直流稳压电源 32V	1 个	

任务小结

◆ NE555 芯片的内部结构包括分压器、电压比较器、基本 RS 触发器、放电管、缓冲器等。它相当于一个两输入的触发器，当输入端 2 脚为低电平时，输出端 3 脚为高电平；当输入端 2 脚和 6 脚同时为高电平时，输出端 3 脚为低电平；当输入端 2 脚为高电平、输入端 6 脚为低电平时，输出端 3 脚保持。

◆ NE555 的典型应用电路有单稳电路（在项目 9 的红外控制洗手器电路中用于延时）和振荡电路（呼吸灯电路）。

学习心得

课后练习

1．NE555 芯片内部由哪几部分组成？列出该芯片的功能表。

2．NE555 的两大经典应用是构成单稳电路和振荡电路，NE555 接成单稳电路时，其 2 脚、6 脚和 7 脚之间的连线如何？并说一说其工作原理。

3．NE555 接成振荡电路时，其 2 脚、6 脚和 7 脚之间的连线如何？并说一说其工作原理。

4．请画一个 NE555 的实际应用电路，并分析其工作原理。

5．在 Proteus 中搭建如图 8-12 所示的 NE555 单稳电路，并进行仿真测试，观察在什么情况下 LED 能亮，如何延长灯亮的时间？（注意：在仿真电路中，R2 需要改为 20Ω 或 50Ω 的电阻。）

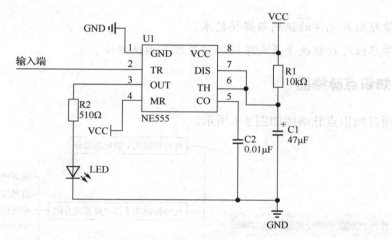

图 8-12　NE555 单稳电路

项目 9 红外控制洗手器电路的焊接与调试

学习目标

◆ 学习贴片元件的识别与焊接技术。
◆ 学习红外控制洗手器电路的工作原理与调试方法。

知识点脉络图

本项目知识点脉络图如图 9-1 所示。

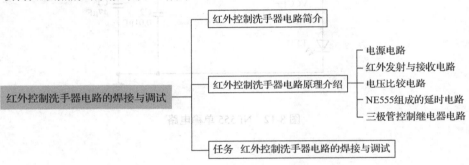

```
                              ┌─ 红外控制洗手器电路简介
                              │
                              │                    ┌─ 电源电路
                              │                    ├─ 红外发射与接收电路
红外控制洗手器电路的焊接与调试 ├─ 红外控制洗手器电路原理介绍 ─┤─ 电压比较电路
                              │                    ├─ NE555组成的延时电路
                              │                    └─ 三极管控制继电器电路
                              │
                              └─ 任务 红外控制洗手器电路的焊接与调试
```

图 9-1　本项目知识点脉络图

相关知识点

9.1 红外控制洗手器电路简介

　　红外控制洗手器电路是比较经典的实用电路，如图 9-2 所示，U1 为电压比较器 LM393，U2 为时基芯片 NE555，J1 为接线柱，J2 为 4 针排针，排针的 1 脚接+5V、4 脚接地。该电路中的电压比较器 LM393 和时基芯片 NE555 在前面已经学习过，本项目通过红外控制洗手器电路的焊接与调试来学习红外控制洗手器电路的工作原理，以及贴片元件的识别与焊接技术。

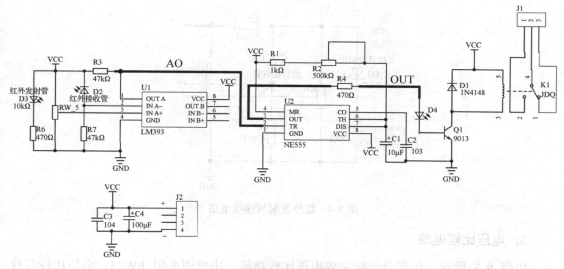

图 9-2　红外控制洗手器电路

◆◆ 9.2　红外控制洗手器电路原理

1. 电源电路

如图 9-3 所示，C3、C4 和 VCC、GND 组成电源
电路，对输入 5V 电压起滤波、稳压作用。J2 接直流
稳压输出的 5V 电源。

2. 红外发射与接收电路

如图 9-4 所示，VCC、D3、R6 组成红外发射电
路，VCC、D2、R7 组成红外接收电路。

工作原理如下。

（1）红外发射管为白色，其接线与发光二极管电
路的接线相似，只是它发出的光为红外光，肉眼看不见。

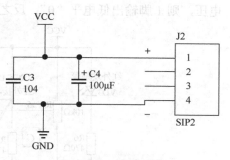

图 9-3　电源电路图

（2）红外接收管为黑色，接线时，其短引脚接电源正极，长引脚接 R7（与一般的发光
二极管的接线相反），其特点是，当红外接收管没有红外光照射时，其两端电阻非常大，约
为 100MΩ，此时，红外接收管电路的电流非常小，J 点电压非常低，约等于 0；当红外接
收管受到红外光照射时，其两端电阻变小，约为 200kΩ，此时，红外接收管电路的电流增
大，J 点电压升高。

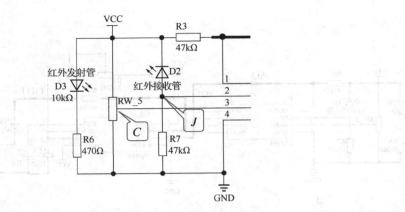

图 9-4　红外发射与接收电路

3．电压比较电路

如图 9-5 所示，该部分电路完成电压比较功能，由可调电阻 RW_5、电压比较芯片 LM393、电阻 R3 组成。电压比较芯片 LM393 有两个独立的电压比较器。其中，1、2、3 脚组成 1 个电压比较器，2 脚为反相输入端，3 脚为同相输入端，1 脚为输出端。R3 为输出上拉电阻（电压比较器的使用方法请参照项目 7）。

用一字螺丝刀调接可调电阻 RW_5，使可调电阻中间抽头 C 点电压为 2.5V，即电压比较器 LM393 的 3 脚（同相输入端）输入电压为 2.5V；红外接收管电路中的 J 点电压接入电压比较器 LM393 的 2 脚（反相输入端），对这两个电压进行比较，如果 2 脚电压高于 3 脚电压，则 1 脚输出低电平"0"；反之，1 脚输出高电平"1"。

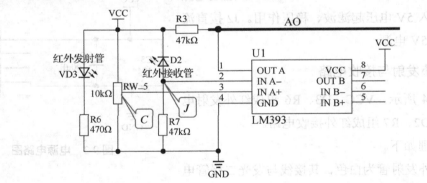

图 9-5　电压比较电路

4．NE555 组成的延时电路

如图 9-6 所示，该部分电路完成延时功能，由 NE555、R1、R2、C1、C2 组成。电压比较器 LM393 的 1 脚输出信号送至 NE555 的 2 脚。NE555 的 3 脚输出信号的状态由其 2 脚和 6 脚的电压来决定（具体组合见项目 8 相关介绍），延时时间由 R_1、R_2 和 C_1 共同决定（$\tau=(R_1+R_2)C$）。

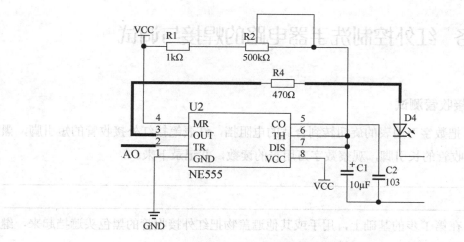

图 9-6　NE555 组成延时电路

5．三极管控制继电器电路

如图 9-7 所示，该电路是三极管控制继电器电路，由 R4、D4、Q1、D1、K1、J1 组成（其中，K1 为继电器，其 3、5 脚接继电器线圈，4、1 脚为一组常闭开关，4、2 脚为一组常开开关；J1 为接线驻，接外部电磁阀控制电路）。当 NE555 的 3 脚为高电平时，三极管 Q1（9013）的基极为高电平，Q1 导通，D4 有电流流过而点亮，由于三极管 Q1 饱和导通，因此它的集电极和发射极导通（$U_{CE}=0.3V$），继电器线圈通电导通（常开开关 4、2 脚闭合。如果接了外电路，则电磁阀得电打开，水龙头出水）。当 NE555 的 3 脚输出低电平时，Q1 截止，D4 没有电流流过而不亮，继电器线圈不通电（继电器的常开开关 4、2 脚在弹簧作用下断开，电磁阀失电关闭，水龙头不出水）。

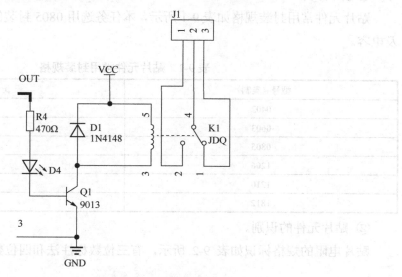

图 9-7　三极管控制继电器电路

任务 红外控制洗手器电路的焊接与调试

1. 红外接收管测试

第 1 步，把数字万用表的旋钮转到合适的电阻挡，红表笔接红外接收管的短引脚，黑表笔接红外接收管的长引脚，观察数字万用表的读数，并记录下来。

_____

_____

第 2 步，在第 1 步的基础上，用手或其他遮盖物把红外接收管的黑色头遮挡起来，继续观察数字万用表的读数，并记录下来。

_____

_____

第 3 步，比较第 1 步和第 2 步的读数，并说说理由。

_____

_____

2. 红外控制洗手器电路的安装与焊接

（1）贴片元件的识别和焊接注意事项。

在安装电路前，先学习贴片元件的识别和焊接注意事项。

① 贴片元件规格。

贴片元件常用封装规格如表 9-1 所示，本任务选用 0805 封装的贴片电阻、发光二极管及电容。

表 9-1 贴片元件常用封装规格

型号（英制）	长×宽/mil[①]
0402	4×2
0603	6×3
0805	8×5
1206	12×6
1210	12×10
1812	18×12

② 贴片元件的识别。

贴片电阻的规格标识如表 9-2 所示，有三位数标注法和四位数标注法。对于三位数标

---

① 1mil=25.4mm。

注法，前两位为有效数，最后一位为 10 的幂指数；对于四位数标注法，前三位为有效数，最后一位为 10 的幂指数。贴片电容需要在高温中烧制，无法在电容本体上做标识。陶瓷贴片电容表面本体颜色一般为黄色，也有褐色、灰色、淡紫色，一般颜色越深，容量越大。

表 9-2　贴片电阻的规格标识

阻　　值	贴片标识	备　　注
1kΩ	102/1001	
47kΩ	473/4702	三位数标注法/四位数标注法
470Ω	471/4700	

③ 贴片元件的焊接。

贴片元件的体积小，需要用镊子来固定，焊接时，需要一个接头一个接头地进行。把烙铁头在湿海绵上来回擦干净后，添加少量焊锡，轻轻地从贴片元件的长边头开始，顺着焊盘慢慢往外刮，直至焊锡黏住元件和焊盘，接着焊接另一个接头。对于贴片芯片的焊接，首先要对准放置位置，在对角加上焊锡，可以在两对角多放点锡，把芯片固定；再把烙铁头在湿海绵上擦干净，添加少量焊锡，为其余脚与焊盘上锡；最后修理起固定作用的两个对角，把多余的焊锡刮掉。

（2）红外控制洗手器电路的焊接。

根据图 9-8，正确选择、安装、焊接相应的元器件到印制电路板，如图 9-9 所示。为了简化电路，本着节约的原则，继电器 K1 和接线柱 J1 不用焊接与安装，可以通过判断发光二极管 D4 导通与否来判断继电器 K1 线圈是否通电，从而判断电路是否安装、调试成功。当三极管 Q1 不导通时，发光二极管 D4 不亮，继电器 K1 线圈不通电；当三极管 Q1 导通时，发光二极管 D4 点亮，继电器 K1 线圈通电。

图 9-8　红外控制洗手器印制电路板

图 9-9　红外控制洗手器安装实物图

红外控制洗手器印制电路板元器件安装、焊接步骤建议如下。

① 焊接贴片元件：C3、R6、R3、R7、C2、R4、D4、R1、Q1、D1（注意：发光二极

管 D4 和普通二极管 D1 均有方向，不要接反了）。

② 焊接贴片芯片 U1、U2（注意：芯片方向不要接反了，印制电路板上的白色点与芯片的 1 脚对应）。

③ 焊接插件元件：C1、D3、D2、C4、RW_5、R2、J2（注意：C1、C4、D2、D3 均有方向，不要接反了）。

3．红外控制洗手器电路的调试

（1）元器件焊接成功后，经检查无误，将 J2 接入+5V 电源和地，观察 D4 是否亮，当 D4 不亮时，把手放到 D2、D3 上方，调节手的上、下位置，看 D4 是否亮，如果亮，并且在手移开后，延时一段时间 D4 熄灭，则说明电路安装成功。

（2）调节可调电阻 R2，重复以上步骤，观察 D4 由亮到灭的延时情况是否有不同，参考图 9-2，说说 R_2 为多大时，延时时间最长；R_2 调到多大时，延时时间最短，为什么？（温馨提示：可调电阻 R2 可朝一个方向旋转到极限。）

（3）如果电路能完成以上两步，就把手放在 D2、D3 上方更高的位置，要使 D4 亮，需要调节哪里？为什么？（温馨提示：RW_5 是精密可调电阻，可以旋转十多圈，在调节时，记住调节方向，以方便比较。）

故障分析 1（D4 一直亮）：

元器件焊接成功并检查无误后，将 J2 接入+5V 电源和地，如果 D4 一直亮，就把数字万用表调整到直流电压挡，测量电压比较器 LM393（U1）反相输入端（2 脚）和同相输入端（3 脚）的对地电压。在印制电路板上，测试点"T1"接 LM393 的输出端（1 脚），测试点"T2"接 LM393 的反相输入端，测试点"T3"接 LM393 的同相输入端。调节 RW_5，可以改变同相输入端的电位。LM393 的 4 脚接地。

测量 LM393 的 2 脚与 4 脚之间的电压，并记录为 U_{24}；测量 LM393 的 3 脚与 4 脚之间的电压，并记录为 U_{34}。

（1）如果 $U_{34}<U_{24}$，则调节 RW_5，使 $U_{34}>U_{24}$，看 D4 是否熄灭，如果熄灭，就把手放到 D2、D3 上方，看 D4 是否亮，如果亮，就参照上面的步骤进行调试。

（2）如果 $U_{34}>U_{24}$，就把用数字万用表调整到直流电压挡，测量 LM393 的 1 脚与 4 脚之间的电压，记为 U_{14}，如果 $U_{14}>2.5V$，就测量 NE555 芯片（U2）的 2 脚与 1 脚之间的电压，记为 U_{21}，如果 $U_{21}>2.5V$，则问题可能出现在 NE555 延时电路中。检查 NE555 是否接反了，各个引脚是否焊接牢固，其周边外围电路元器件焊接是否正确。

故障分析 2（D4 一直不亮）：

元器件焊接成功并检查无误后，将 J2 接入+5V 电源和地，如果 D4 一直不亮，就把手放到 D2、D3 上方，调节手的上、下位置，如果 D4 还是不亮，就把数字万用表调整到直流电压挡，测量 LM393 的 2 脚与 4 脚之间的电压；接着测量 LM393 的 3 脚与 4 脚之间的电压。

（1）如果 $U_{34} > U_{24}$，就把手放在 D2、D3 上方，继续测量 LM393 的 2 脚与 4 脚之间的电压，并记录为 $U_{24手}$；如果 $U_{34} > U_{24}$，就调节 RW_5，使 $U_{34} < U_{24手}$，重新调试电路，看电路可否正常工作。

（2）查看 R4 或 Q1 是否焊接良好。

（3）检查其他电路。

4．所需元器件

本任务所需元器件如表 9-3 所示。

表 9-3　本任务所需元器件

序　号	符　号	名　称	规　格	数　量
1	D2	红外接收管	5mm	1 个
2	D3	红外发射管	5mm	1 个
3	D4	发光二极管	5mm	1 个
4	J1	接线柱	3P（间距 5mm）	1 个
5	J2	4 针排针	4 针	1 个
6	K1	继电器	5V，5 脚继电器	1 个
7	Q1	贴片三极管 9013	SOT23-3	1 个
8	R1	0805 贴片电阻	1kΩ	1 个
9	R3、R7	0805 贴片电阻	47kΩ	2 个
10	R6、R4	0805 贴片电阻	470Ω	2 个
11	R2	蓝白可调电阻	500kΩ	1 个
12	RW_5	蓝白可调电阻	10kΩ	1 个
13	U1	LM393	SOP 封装（贴片）	1 个
14	U2	NE555	SOP 封装（贴片）	1 个
15	C1	圆柱形电容	10μF	1 个
16	C2	0805 贴片电容	103（0.01μF）	1 个
17	C3	0805 贴片电容	104（0.1μF）	1 个
18	C4	圆柱形电容	100μF	1 个

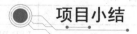 项目小结

◆ 本项目介绍了红外控制洗手器电路的工作原理，通过对红外控制洗手器电路进行调试，进一步熟悉 LM393 和 NE555 的使用方法。

◆ 本项目认识了贴片电阻、电容、二极管、三极管，并实践了贴片元件的焊接技术。

学习心得

课后练习

1. 在 Proteus 中，按图 9-10 搭建 LM393 电压比较电路，并进行仿真测试。该电路所需元器件如表 9-4 所示。

电路搭建成功后，单击"仿真"按钮，开始仿真。单击 RV1 可调电阻的上下箭头，调节可调电阻的中间抽头位置，观察将中间抽头调整到什么位置时发光二极管点亮；调到什么位置时发光二极管不亮，为什么？

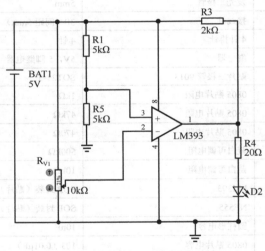

图 9-10　LM393 电压比较电路

表 9-4　LM393 电压比较电路所需元器件

序　号	元器件	Proteus 中的型号
1	5V 直流电源	CELL
2	发光二极管	LED-BIBY
3	LM3939 芯片	LM393
4	动态可调电阻	POT-HG
5	电阻	RESISTOR

2. 在 Proteus 中，按图 9-11 搭建 LM393 电压过零比较电路，并进行仿真测试。该电

路所需元器件如表 9-5 所示。LM393 的 3 脚输入交流信号，接示波器的 A 输入端；LM393 的 1 脚为电压比较器的输出端，接示波器的 B 输入端。

电路搭建成功后，单击"仿真"按钮，开始仿真，比较示波器 A、B 输出端的电压波形有什么不同，为什么？

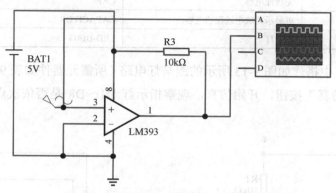

图 9-11 LM393 电压过零比较电路

表 9-5 LM393 电压过零比较电路所需元器件

序　　号	元 器 件	Proteus 中的型号
1	5V 直流电源	CELL
2	发光二极管	LED-BIBY
3	LM3939 芯片	LM393
4	电阻	RESISTOR

3．在 Proteus 中搭建如图 9-12 所示的 NE555 振荡电路（所需元器件如表 9-6 所示）。搭建好电路后，单击"仿真"按钮，开始仿真，观察指示灯 D1 是否会周期性地亮和灭。如果 D1 不能周期性地亮和灭，请修改电路，使 NE555 电路振荡，D1 能周期性地亮和灭，并说明原理。

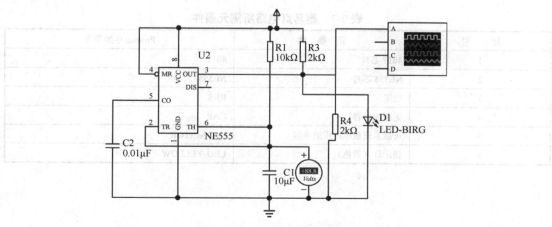

图 9-12 NE555 振荡电路

表 9-6　NE555 振荡电路所需元器件

序　号	元 器 件	Proteus 中的型号
1	NE555 芯片	NE555
2	电阻	RESISTOR
3	无极性电容	CAP
4	可展示充放电过程的电容	CAPACITOR
5	指示灯	LED-BIRG

4．在 Proteus 中搭建如图 9-13 所示的跑马灯电路（所需元器件如表 9-7 所示）。搭建好电路后，单击"仿真"按钮，开始仿真，观察指示灯 D1～D8 是否依次点亮，并说说电路的工作原理。

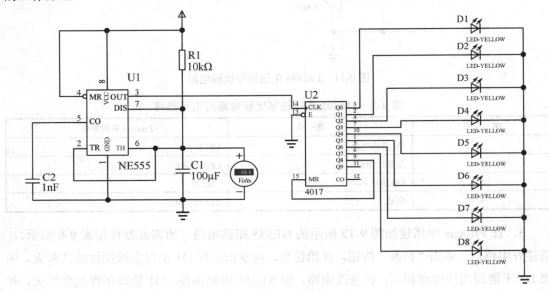

图 9-13　跑马灯电路

表 9-7　跑马灯电路所需元器件

序　号	元 器 件	Proteus 中的型号
1	4017 芯片	4017
2	NE555 芯片	NE555
3	电阻	RES
4	无极性电容	CAP
5	可展示充放电过程的电容	CAPACITOR
6	指示灯（黄色）	LED-YELLOW

项目 10　单片机最小系统的焊接与调试

学习目标

◆ 了解 STC51 单片机芯片各引脚的功能。

◆ 学习 STC51 单片机最小系统的构成。

◆ 了解单片机简单的输出控制编程。

知识点脉络图

本项目知识点脉络图如图 10-1 所示。

图 10-1　本项目知识点脉络图

相关知识点

◆◆ 10.1　单片机概述

单片机采用超大规模集成电路技术把具有数据处理能力的中央处理器（CPU）、随机存储器（RAM）、只读存储器（ROM）、多种 I/O 口和中断系统、定时器/计时器等集成到一块硅芯片上，在这块硅芯片上构成一个小而完善的计算机系统。

单片机也被称为微控制器（Microcontroller），最早被用在工业控制领域，现在还广泛应用于家用电器、医疗器械、汽车电子、通信、物流、工商、金融、航空航天、科研等众多领域。单片机自从 20 世纪 70 年代问世以来，由 4 位处理器发展为 8 位、16 位、32 位、64 位处理器，其运算速度、存储空间、包含的外围设备等都有极大的提高与发展。目前应用比较多的有 8 位、16 位、32 位单片机，特别是 32 位单片机，由于其运算速度快、功能强大而发展非常迅速。

初学者一般以 8 位 8051 单片机为基础开始单片机的学习。本项目以 STC12C5A60S2 芯片为例来制作单片机最小系统。STC12C5A60S2 与 STC89C51RC 相比，都基于 8051 处理器，有相兼容的指令系统，不同的是 STC12C5A60S2 比 STC89C51RC 更先进、功能更强、运算速度更快、存储空间更大。

STC12C5A60S2 有 3 种封装形式，分别为 LQFP48、LQFP44、PDIP40，前两种为贴片式封装，PDIP40 为双列直插式封装。图 10-2 所示为双列直插单片机外形图。下面以 PDIP40 封装为例来制作单片机最小系统。

图 10-2 双列直插单片机外形图

图 10-3 所示为 STC12C5A60S2 的内部结构，其中包括 8051 微处理器、1280B 的 SRAM、Flash、高速 SPI、2～3 个串口、10 位 8 路 A/D 转换器、最多 44 个 I/O 口。双列直插式 STC12C5A60S2 具有 32 个 I/O 口。

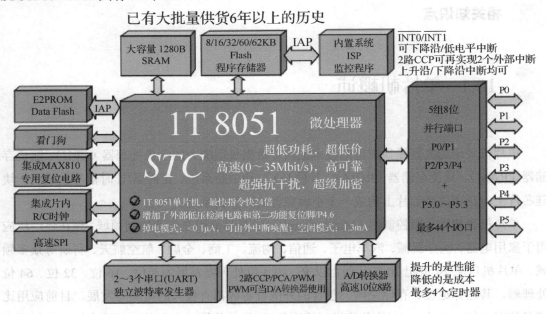

图 10-3 STC12C5A60S2 的内部结构图

10.2　单片机最小系统

图 10-4 所示为 STC12C5A60S2 单片机最小系统电路图，单片机正常工作所需具备的最小单元如下。

（1）电源引脚：单片机的 40 脚（VCC）接 5V 电源正极，20 脚（GND）接 5V 电源负极。

（2）晶振电路：单片机的"心脏"，只有晶振起振了，单片机才可以工作。单片机的 18、19 脚的接线如图 10-4 所示，由电容 C2、C3 和晶振 Y1 构成晶振单元。

（3）复位电路：单片机的 9 脚连续两个机器周期保持高电平，单片机进入复位状态。STC12C5A60S2 单片机复位电路如图 10-4 所示，由一个 10kΩ 电阻和一个 10μF 电容组成，有的电路增加了一个按键开关，并联在电容两端。

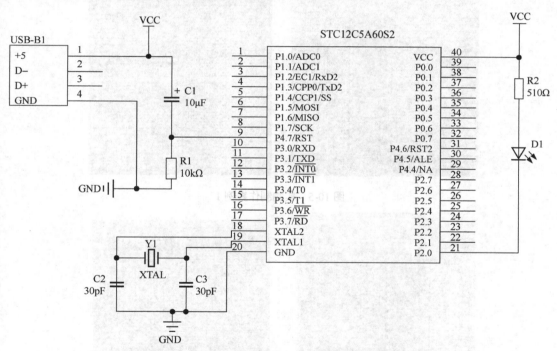

图 10-4　STC12C5A60S2 单片机最小系统电路图

❖ 任务 单片机最小系统的焊接与调试

1. 单片机最小系统的安装与焊接

按图 10-4 在印制电路板上布局，以单片机芯片插座的位置为中心，其他元器件就近放置，特别是晶振电路的电容 C2、C3 和晶振 Y1 需要放置在离单片机 18、19 脚较近的地方，这样有利于晶振正常起振。电路焊接好后，检查电路，确定无误后，参照下面的例程编辑单片机控制程序，通过下载器把程序下载到单片机芯片上，并把下载好程序的单片机芯片装进芯片插座（注意：芯片有方向，不要装反了）。确定芯片安装正确后，用 USB 线或直流稳压电源的 5V 电源接入电路供电，观察电路的指示灯是否亮或闪烁。

实物制作案例如图 10-5、图 10-6 所示。

图 10-5 实物制作案例 1

图 10-6 实物制作案例 2

单片机最小系统电路所需元器件如表 10-1 所示。

表 10-1　单片机最小系统电路所需元器件

序　号	元器件符号	元器件名称或规格	封　装	数　量
1	C1	10μF 电解电容	双列直插式	1 个
2	C2、C3	30pF 电容	双列直插式	2 个
3	D1	发光二极管	LED-1	1 个
4	R1	10kΩ 电阻	双列直插式	1 个
5	R2	510Ω 电阻	双列直插式	1 个
6	STC12C5A60S2	U1（40 脚芯片插座）	双列直插式	1 个
7	USB-B1	4 针排针	4 脚排针式	1 个
8	Y1	XTAL（12MHz 晶振）	直插式	1 个

单片机最小系统电路安装与焊接注意事项如下。

（1）电路布局尽量紧凑，节约印制电路板空间。

（2）单片机的晶振电路尽量离单片机的 18、19 脚近一些，以使振荡电路容易起振。

（3）用 4 脚排针代替 USB 接口，方便直流稳压电源的 5V 电压接入电路。

2．单片机点亮一盏灯编程

（1）单片机程序编辑环境：Keil μVision V5。

（2）单片机软件下载程序：上网搜索并下载 stc-isp-v6.90D。

（3）点亮一盏灯编程代码如下。

◆ 点亮一盏灯程序 1：

```
#include "reg51.h"        //包含 51 头文件
void main(void)           //主函数，C 语言的入口函数
{
    P2＝0XFE;
 /*  P2 口包括 P2.7～P2.0  共 8 个引脚，0XFE 中的"0X"表示十六进制数，"FE"展开为二进
制数"1111 1110"，说明除 P2.0 引脚为低电平外，其余引脚均为高电平  */
 }
```

◆ 点亮一盏灯程序 2：

```
#include<reg51.h>         //包含头文件
sbit led = P2^0;          //位定义
void main()               //主函数
{
    while(1)              //while 循环
    {
      led = 0;            //led 位置"0"，灯点亮
    }
}
```

◆ 灯闪烁程序：

```
#include<reg51.h>          //包含头文件
sbit led = P2^0;           //位定义
void delay()               //延时函数
{
  int i,j
    for(i=100;i>0;i--)
    {
      for(j=100;j>0;j--);
    }
}
void main()                //主函数
{
    while(1)               //while循环
    {
      led = ~led;          //位取反
      delay();             //调用延时函数
    }
}
```

3. 单片机最小系统电路测试

（1）在 Keil μVision V5 中编辑好测试程序，并生成.hex 类执行文件。单片机程序编辑窗口如图 10-7 所示。

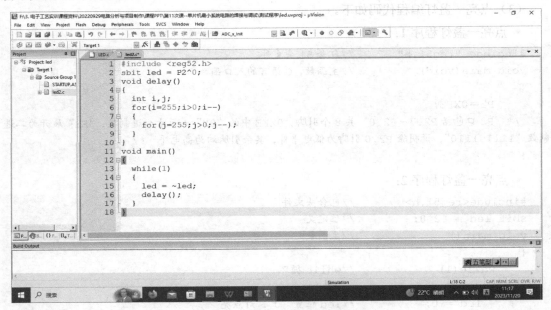

图 10-7　单片机程序编辑窗口

（2）在 51 单片机开发板中下载测试程序，具体操作步骤如图 10-8 所示。第 1 步，选择需要下载程序的单片机型号；第 2 步，选择单片机接入的串口号，可在设置管理器窗口查看；第 3 步，选择需要下载的程序文件（扩展名为.hex）；第 4 步，单击"下载/编程"按钮。

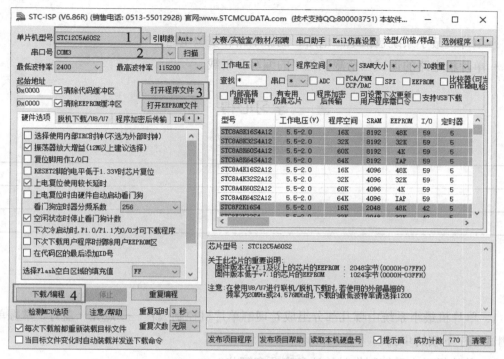

图 10-8　单片机程序下载操作

（3）把下载好测试程序的芯片装入芯片插座，接上直流稳压电源的 5V 电源和地，进行电路测试，看指示灯是否点亮或闪烁，如图 10-9 所示。

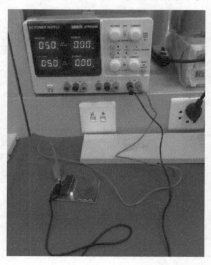

图 10-9　单片机最小系统电路测试

任务小结

◆ 单片机最小系统包括电源电路、晶振电路和复位电路。
◆ 单片机电路的调试包括测试程序的编写和下载。

学习心得

_____

_____

_____

_____

课后练习

1. 单片机最小系统由哪几部分组成？理解单片机控制编程——点亮一盏灯，掌握单片机测试程序下载的步骤。

2. 单片机最小系统制作时的注意事项有哪些？

3. 请在网上查找常见单片机芯片的型号。了解单片机芯片的发展情况。

4. 下载 STC12C5A60S2 单片机手册，以及单片机测试程序下载软件 STC-IP 的最新版本。

项目 11　单片机学习板电路的焊接与调试

学习目标

◆ 学习单片机学习板电路的结构及原理。
◆ 学习单片机学习板电路的安装与调试方法。

知识点脉络图

本项目知识点脉络图如图 11-1 所示。

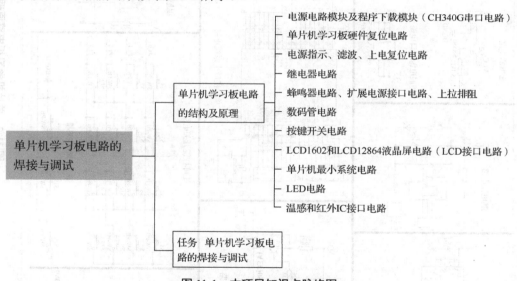

图 11-1　本项目知识点脉络图

相关知识点

如图 11-2 所示，该单片机学习板包含单片机最小系统电路、电源指示及滤波电路、电源/硬件复位电路、CH340G 串口电路、蜂鸣器电路、LED 电路、继电器电路、LCD 接口电路、数码管电路、按键开关电路、温感和红外 IC 接口电路等。

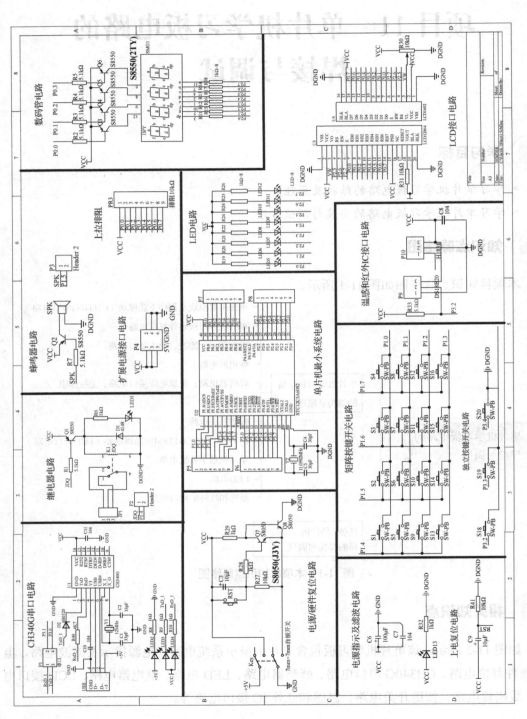

图 11-2 单片机学习板电路原理图

1．电源电路模块及程序下载模块（CH340G 串口电路）

如图 11-3 所示，USB 为 USB 插座接口，为单片机学习板提供 5V 工作电源，同时提供程序下载接口 D+、D−。CH340G 是一个 USB 总线的转接芯片，实现 USB 转串口。CH340G 的接线如下。

◆ 1 脚：接地。

◆ 16 脚：接电源（+5V）。

◆ 2、3 脚：2 脚通过 B0520 二极管与排针 P1 的 TxD_1 相连接；3 脚通过 4.7kΩ 电阻与排针 P1 的 RxD_1 相连接，排针 P1 通过短接帽把 TxD_1 和 P3.0、RxD_1 和 P3.1 短接，从而使 STC12C5A60S2 单片机可以与计算机进行串口通信，完成程序下载工作。

◆ 5、6 脚：分别接 USB 的数据接口 D+、D−，这是与计算机进行通信的数据通道。

◆ 7、8 脚：接晶振和电容，是 CH340G 的振荡电路。

该单片机学习板电路使用一根 USB 线就能完成单片机电源供电和程序下载功能。图 11-3 的下面部分为指示灯电路：LED2 为单片机学习板接入 USB 后，电源正常供电指示灯；LED3 和 LED4 分别为单片机接收数据与发送数据指示灯。

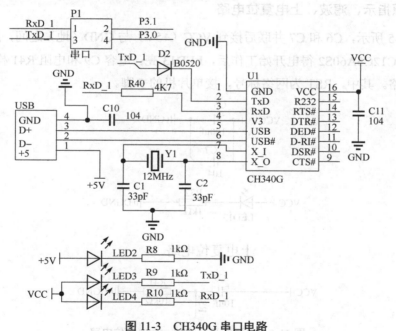

图 11-3 CH340G 串口电路

2．单片机学习板硬件复位电路

如图 11-4 所示，+5V 和 GND 是由 USB 插座接口引出的两根电源线；Key 是自锁开关，是单片机学习板的总电源开关；RST 复位按键开关是单片机学习板的硬件复位按键开关。

当 RST 没有被按下时，R28 左边与 C3 相连接的点电位为 0，三极管 Q7 因为其基极电位为 0 而截止；R29 与 Q8 相连接点的电位为 5V 高电平，Q8 导通，GND 与 DGND 相连接。

当 RST 被按下时，R28 左边与 C3 相连接的点电位为 5V，三极管 Q7 的基极电位为 5V，三极管 Q7 导通。三极管 Q7 的集电极和发射极导通，接到 GND，三极管 Q8 的基极电位为 0，Q8 截止，GND 与 DGND 断开。STC12C5A60S2 单片机地与电源地断开，单片机失电而停止工作。当 RST 被放开后，单片机得电而重启电路，实现单片机硬件复位。

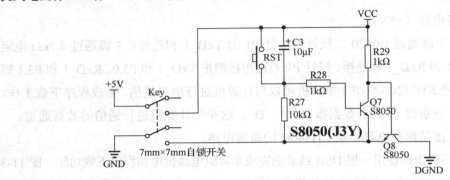

图 11-4　电源/硬件复位电路

3．电源指示、滤波、上电复位电路

如图 11-5 所示，C6 和 C7 并联后接到 VCC（+5V）与 GND（地）之间，起滤波作用；当单片机 STC12C5A60S2 得电开始工作后，LED13 亮；电容 C9 和电阻 R41 构成单片机的上电复位电路。其中，RST 为网络标号，接单片机的 9 脚。

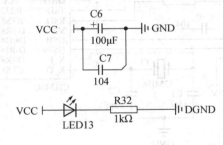

图 11-5　电源指示、滤波、上电复位电路

4．继电器电路

如图 11-6 所示，K1 为继电器，1、2、3、4、5 为其 5 个引脚，其中，3、5 脚为其线圈引脚，1、4 为常闭开关，2、4 为常开开关；JP1 为接线柱，接外电路，并对外电路进行开

关控制。图 11-6 中的三极管 Q1 为开关管，基极的 JDQ 接排针 P2 的 1 脚，排针 P2 的 2 脚接单片机的 P1.4，当用短接帽短接 P2 的两个引脚时，单片机的 P1.4 电位的高低可以控制继电器线圈断电或通电。当给单片机的 P1.4 写入"0"时，JDQ 电位为"0"，三极管 Q1 导通，继电器线圈 3、5 脚通电，继电器常开开关闭合，同时 LED1 点亮；当给单片机的 P1.4 写入"1"时，JDQ 电位为"1"，三极管 Q1 截止，继电器线圈 3、5 脚断电，线圈的感应电动势通过 D1 释放，D1 为续流二极管，起保护作用，继电器常开开关断开，LED1 不亮。

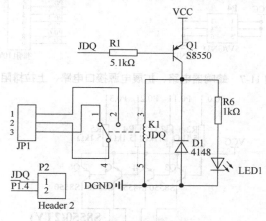

图 11-6　继电器电路

5. 蜂鸣器电路、扩展电源接口电路、上拉排阻

如图 11-7 所示，SPK 为蜂鸣器的控制端口，接排针 P3 的 1 脚，排针 P3 的 2 脚接单片机的 P1.5（此举为单片机引脚复用的一种接线方法）。当为排针 P3 接入短接帽时，SPK 与 P1.5 相连接。此时，P1.5 为蜂鸣器的控制引脚。当给单片机的 P1.5 写入"0"，即低电平时，Q2 导通，蜂鸣器得电发出声音。当给单片机的 P1.5 写入"1"，即高电平时，Q2 截止，蜂鸣器不得电，不出声。

P4 为 2×3 排针，该电路是扩展电源接口电路，为外电路提供 5V 电源的"+"和"−"。注意：P4 的电源和地不能用短接帽短接，否则单片机学习板电源被短路，单片机无法工作。PR3 为 10kΩ 排阻，作为单片机 P0 口的上拉电阻。

6. 数码管电路

图 11-8 所示为 4 位共阳极数码管电路，每位数码管由一个三极管来控制其通电与否，因此共有 4 个三极管，分别是 Q3～Q6。三极管能否导通由各三极管的基极电位来确定，即由单片机的 4 个引脚 P0.0～P0.3 的电位来决定，当相应三极管的基极电位为低电平时，对应的三极管导通，该位数码管通电，可以显示数字。显示数字由数码管下面的 P2.0～P2.7 的组合来决定，低电平引脚对应段的发光二极管亮，高电平引脚对应段的发光二极管不亮。

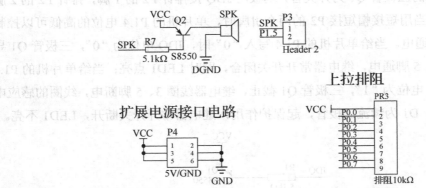

图 11-7　蜂鸣器电路、扩展电源接口电路、上拉排阻

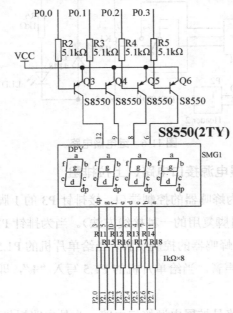

图 11-8　4 位共阳极数码管电路

7. 按键开关电路

图 11-9 所示为按键开关电路，单片机学习板具有矩阵按键开关电路和独立按键开关电路。矩阵按键开关电路由 16 个按键开关组成，其中，单片机的 P1.0～P1.3 分别控制矩阵按键开关的第 1～4 行；单片机的 P1.4～P1.7 分别控制矩阵按键开关的第 1～4 列。

给 P1.0 写一个"0"，即 P1=0xFE（1111 1110）。

如果按键 S1 被按下，则 P1.4 也为"0"，即 P1=0xEE（1110 1110）。

如果按键 S2 被按下，则 P1.5 也为"0"，即 P1=0xDE（1101 1110）。

如果按键 S3 被按下，则 P1.6 也为"0"，即 P1=0xBE（1011 1110）。

如果按键 S4 被按下，则 P1.7 也为"0"，即 P1=0x7E（0111 1110）。

通过判断 P1 的值来判断是哪个按键被按下。其他列同理。

独立按键开关电路相对简单。例如，判断按键 S18 是否被按下，只要判断 P3.2 是否为"0"即可，如果 P3.2 为"0"，则说明此按键被按下，否则说明此按键没有被按下。S19、S20 按键同理。

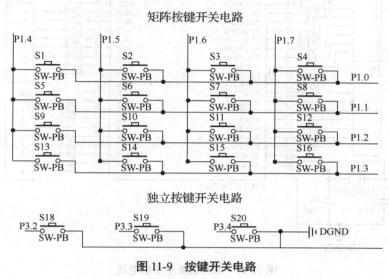

图 11-9　按键开关电路

8．LCD1602 和 LCD12864 液晶屏电路（LCD 接口电路）

如图 11-10 所示，U3 接口共 20 个引脚，接 LCD12864；U4 接口共 16 个引脚，接 LCD1602。注意：方向不要接反了，LCD 接口的 1 脚接印制电路板上标注的 1 脚，在调试时，可转动可调电阻 R30，使液晶屏显示字符。

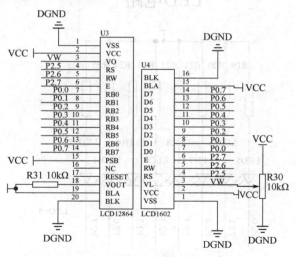

图 11-10　LCD 接口电路

9．单片机最小系统电路

图 11-11 所示为单片机最小系统电路，P5～P8 为单片机各 I/O 口引出的排针，方便单片机对外电路控制引脚的引出。

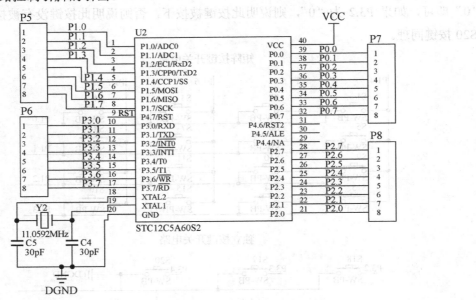

图 11-11　单片机最小系统电路

10．LED 电路

如图 11-12 所示，电路中的 LED 的阴极接单片机的 P2.0～P2.7。在单片机的 P2.0～P2.7 中，只要某个引脚为"0"，其对应的指示灯就被点亮。

LED电路

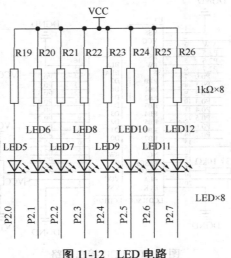

图 11-12　LED 电路

11．温感和红外 IC 接口电路

如图 11-13 所示，预留插孔 P9、P10 分别接温度传感器 DS18B20 和红外接收模块 H1838。P9、P10 应该装入 3 孔插孔排。

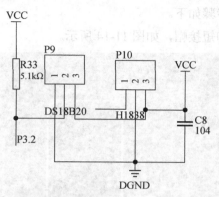

图 11-13　温感和红外 IC 接口电路

 任务　单片机学习板电路的焊接与调试

1．单片机学习板电路第一部分的安装与焊接

检查元器件无误后，按图 11-2 接线。此电路焊接分两步开展工作，第一步，焊接电源电路模块及程序下载模块，硬件复位模块，电源指示、滤波、上电复位模块，单片机最小系统模块，LED 模块。安装完成上面几个模块后，请先进行单片机程序下载和运行测试，测试成功后进行第二步，即安装剩余的元器件。

焊接注意事项：先焊接贴片电阻、电容、LED、三极管等体积小的元器件，再焊接贴片芯片 CH340G（注意芯片方向）。焊接 CH340G 时，先把其 1 脚方向与焊盘的 1 脚相对应，用镊子固定好芯片的位置，焊接 1、9 脚。此时，烙铁头可多加一点锡，以方便固定芯片。芯片固定后，把烙铁头在湿海绵上来回擦干净，添加少量焊锡，轻轻从芯片 2 脚开始，顺着焊盘慢慢往外刮，直至焊锡黏住元器件和焊盘。按上述方法焊接除 1、9 脚以外的引脚，直至各引脚稳稳地连接到相应焊盘上，这之后修理 1、9 脚，把多余的焊锡去掉，使其稳定连接在相应的焊盘上。至此，完成了贴片芯片 CH340G 的焊接。其他贴片元器件的焊接可参考红外控制洗手器电路中贴片元件的焊接说明。

2．单片机学习板电路第一部分的调试

在 P1 排针上接两个短接帽，注意方向不要接反了（需要分别短接 P3.1 和 RxD_1、P3.0

和 TxD_1），将 USB 线接至计算机。计算机需要安装 CH340G 驱程、STC-IP 程序下载软件、Keilμ Vision V5 程序编辑软件。把测试程序下载到单片机学习板上，进行测试。如果测试程序下载成功，LED 能亮或闪烁，则说明单片机学习板电路第一部分焊接顺利完成，并能够正常工作。具体测试步骤如下。

（1）插入单片机芯片和短接帽，如图 11-14 所示。

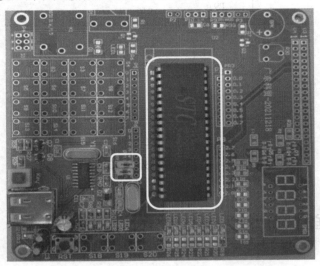

图 11-14　插入单片机芯片和短接帽

（2）计算机需要安装串口驱动。双击运行 CH341SER.EXE 文件，保持默认设置，单击"Next"按钮，直至安装完成，如图 11-15 所示。

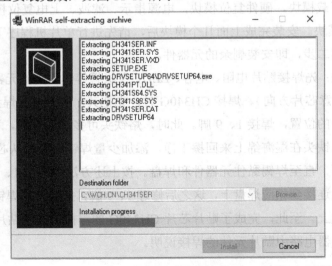

图 11-15　安装串口驱动

（3）用公对公 USB 线把单片机学习板与计算机相连接，如图 11-16 所示。

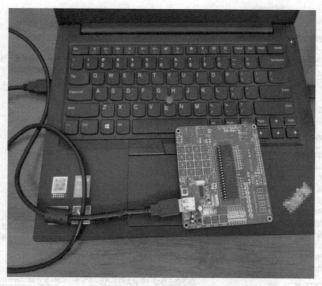

图 11-16　单片机学习板经 USB 线连接到计算机

（4）双击启动下载程序 stc-isp-15xx-v6.88.exe，单击"是"按钮，进入如图 11-17 所示的界面，具体步骤说明如下。

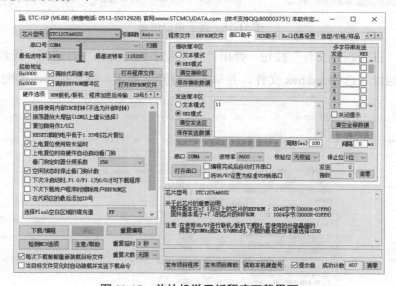

图 11-17　单片机学习板程序下载界面

① 在"芯片型号"下拉列表中选择单片机芯片型号（根据自己的单片机背面标注的型号来选择）。

② 显示串口信息。如果串口驱动安装正确，则软件能自动识别并显示串口信息，如图 11-18 所示。

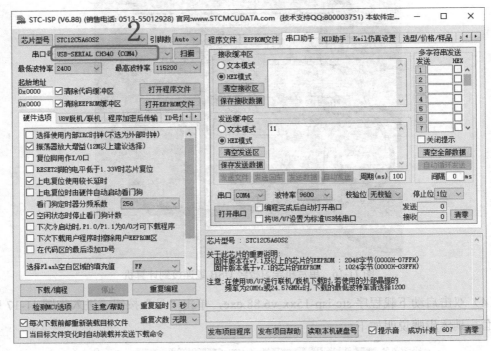

图 11-18　显示串口信息

③ 单击"打开程序文件"按钮，弹出"打开程序代码文件"对话框，找到存放执行文件 led.hex 的地址，选中 led.hex 文件，并单击"打开"按钮，将其打开，如图 11-19 所示。

图 11-19　打开 led.hex 文件

④单击"下载/编程"按钮，右下方列表框中显示"正在检测目标单片机…"字样，如图 11-20 所示。

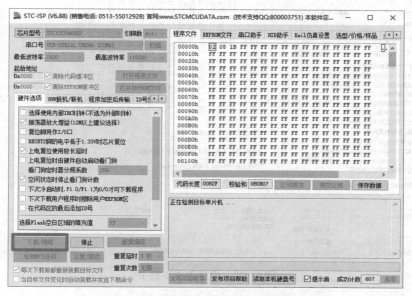

图 11-20　正在检测目标单片机

⑤ 按下硬件复位按键 RST，如图 11-21 所示。

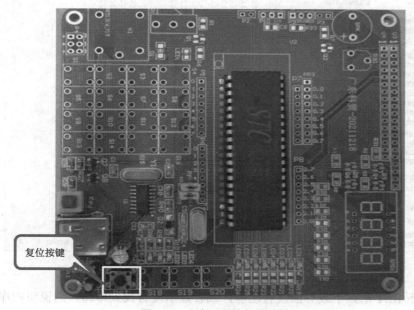

图 11-21　按下硬件复位按键 RST

⑥ 出现如图 11-22 所示的界面，表示正在重新握手，正在下载程序等待 30s 左右，即显示操作成功，如图 11-23 所示，即程序下载成功。

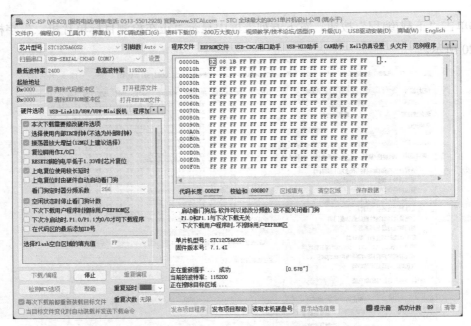

图 11-22　程序正在下载中

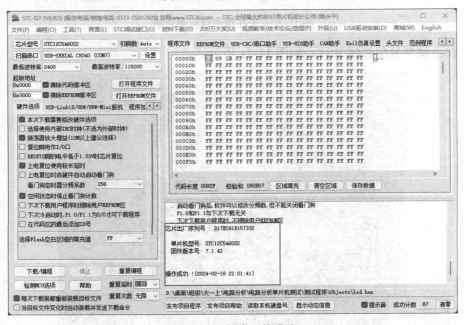

图 11-23　程序下载成功

　　如果在按下 RST 后，下载界面没有动静，或者显示没有找到串口，则说明程序下载不成功。此时，需要重新单击"下载/编程"按钮，重复以上操作。如果还无法下载程序，则需要重新检测电路中的 CH340G 是否接反或接错，是否有虚焊、漏焊等。最好把 CH340G 和硬件复位电路相关元器件的焊点都重新焊接一遍，加固一下。完成后，重复以上操作，进行程序下载测试。

单片机学习板电路所需元器件如表 11-1 所示。

表 11-1　单片机学习板电路所需元器件

序号	元器件规格/型号	元器件标识	元器件封装	数量
1	10μF 电容/25V 耐压	C3，C9	双列直插	2 个
2	33pF 贴片电容	C1，C2，C4，C5	C0805 贴片	4 个
3	100μF 电容/25V	C6	双列直插	1 个
4	104 贴片电容	C7，C8，C10，C11	C0805	4 个
5	4148 贴片二极管	D1	贴片 4148	1 个
6	B0520W 贴片 MOS 二极管	D2	B0520_1.8_2.7	1 个
7	继电器接线柱	JP1	3 接口接线柱（5.1mm×3）	1 个
8	继电器	K1	5 脚 5V 继电器	1 个
9	7mm×7mm 自锁开关	Key	自锁开关	1 个
10	贴片发光二极管	LED1～LED13	LED0805 贴片	13 个
11	排针	P1～P8	—	46 针
12	插孔	P9，P10	2 个 3 孔插孔排	6 孔
13	排阻 10kΩ（9 脚）	PR3	9 脚排阻	1 个
14	S8550 贴片	Q1～Q6	SOT23（贴片 PNP 型三极管）	6 个
15	S8050 贴片	Q7，Q8	SOT23（贴片 NPN 三极管）	2 个
16	5.1kΩ 贴片电阻	R1～R5，R7，R33	R0805	7 个
17	1kΩ 贴片电阻	R6，R8～R26，R28，R29，R32	R0805	23 个
18	10kΩ 贴片电阻	R27，R31，R41	R0805	3
19	10kΩ 可调电阻（蓝白）	R30	VR4	1
20	4.7kΩ 贴片电阻	R40	R0805	1
21	SW-PB 按键开关	S1～S16，S18～S20，RST	按键引脚距离 4.5mm×2.5mm	20
22	SMG 4 位共阳极数码管	SMG1	SMG(6mm×2mm/1.27mm×8.9mm)	1
23	无源蜂鸣器	SPK	蜂鸣器	1
24	CH340G 芯片	U1	SOP16_L	1
25	STC12C5A60S2 芯片	U2	DIP40Z（双列直插式）	1
26	液晶屏插孔	U3	HDR1X20	1
27	USB 接口	USB	USB_11	1
28	12MHz/11.0592MHz 晶振	Y1	XTAL1（接 CH230G）	1
29	11.0592M 晶振	Y2	XTAL1（单片机）	1
30	公对公电源线	—	USB 线	1
31	40 脚芯片插座	—	40 脚芯片插座	1

3. 单片机学习板电路第二部分的安装与焊接

在单片机学习板电路程序下载与运行功能测试正确后，进行其他模块的安装，遵循的原则是，先焊接贴片元件、再焊接体积小的插件元件，最后焊接体积大的插件元件。单片机学习板整体焊接完成效果图如图 11-24 所示。

图 11-24 单片机学习板整体焊接完成效果图

4. 单片机学习板电路第二部分的调试

参考单片机学习板电路第一部分的调试。

5. 单片机学习板电路测试参考程序

（1）单片机学习板电路第一部分的测试程序：

```
/******************************************************************************
标题：  单片机学习板电路第一部分的测试程序
实验板：单片机学习板 gdkm2023-10-03
作者：  gdkm
说明：  LED 闪烁*********************************************************************/
//头文件
#include<reg51.h>
 //延时函数
void delay()
{
  int i,j
    for(i=100;i>0;i--)
    {
        for(j=100;j>0;j--);
    }
}
void main()                      //主函数
```

```
{
    while(1)
    {
      P2 = ~P2;              // P2 取反
      delay();
    }
}
```

（2）单片机学习板电路第二部分的测试程序：

```
/*********************************************************************
标题：    单片机学习板电路第二部分的测试程序
实验板：  单片机学习板 gdkm2023-10-03
作者：    gdkm
说明：    自检 LED 轮流点亮；数码管轮流点亮；蜂鸣器自检；继电器自检；矩阵按键测试，数码管显
示输入值
*********************************************************************/
//头文件
#include <reg52.h>
#define uchar unsigned char
#define uint unsigned int
#define GPIO_key P1        //用变量 GPOI_key 代表 P1
//变量定义
code uchar table[]=
         {0x03,0x9f,0x25,0x0d,0x99,0x49,0x41,0x1f,0x01,0x09};
                 //表：0000 0011、1001 1111、0010 0101......


uchar l_posit=0;      //显示位置
uchar oldkey=0xff;    //保存按键接口状态


//引脚定义
sbit SMG_q = P0^0;    //定义数码管阳极控制脚（千位）
sbit SMG_b = P0^1;    //定义数码管阳极控制脚（百位）
sbit SMG_s = P0^2;    //定义数码管阳极控制脚（十位）
sbit SMG_g = P0^3;    //定义数码管阳极控制脚（个位）


sbit SPK = P1^5;      //定义蜂鸣器
sbit JDQ = P1^4;      //定义继电器
sbit S18 = P3^2;      //定义独立按键
sbit S19 = P3^3;      //定义独立按键
sbit S20 = P3^4;      //定义独立按键
uchar value_key;      //定义全局变量

/******自定义函数*********/
void delay(uint z)         //带参数的延时函数，当 z=10 时，延时约 1ms
{
    uint i,j;
```

```
        for(i=z;i>0;i--)
            for(j=10;j>0;j--);
}

//显示函数，参数为显示内容
void display(unsigned int da)
{
    P2=0XFF;                //
    da=da%100;
    switch(l_posit)
    {
    case 0:                 //选择千位数码管，关闭其他位
      SMG_q=0;
      SMG_b=1;
      SMG_s=1;
      SMG_g=1;
      P2=table[da/1000];    //输出显示内容
      delay(10);
    case 1:                 //选择百位数码管，关闭其他位
      SMG_q=1;
      SMG_b=0;
      SMG_s=1;
      SMG_g=1;
      P2=table[da%1000/100];
      delay(10);
    case 2:                 //选择十位数码管，关闭其他位
      SMG_q=1;
      SMG_b=1;
      SMG_s=0;
      SMG_g=1;
      P2=table[da%100/10];
      delay(100);
    case 3:                 //选择个位数码管，关闭其他位
      SMG_q=1;
      SMG_b=1;
      SMG_s=1;
      SMG_g=0;
      P2=table[da%10];
      delay(100);
    }

}
//扫描矩阵按键函数
uchar AnJian()              //按键获取函数，带返回值类型，为无符号的字符型
{
```

```
GPIO_key = 0xef;                                    //当第 1 列为 "0" 时
if(GPIO_key != 0xef)
{
  delay(5);
  if(GPIO_key != 0xef)
  {
    switch(GPIO_key)
    {
        case (0xee): value_key = 1;  break;         //当第 1 行为 "0" 时
        case (0xed): value_key = 2;  break;         //当第 2 行为 "0" 时
        case (0xeb): value_key = 3;  break;         //当第 3 行为 "0" 时
        case (0xe7): value_key = 4;  break;         //当第 4 行为 "0" 时
        default : break;
    }
  }
}

GPIO_key = 0xdf;                                    //当第 2 列为 "0" 时
if(GPIO_key != 0xdf)
{
  delay(5);
  if(GPIO_key != 0xdf)
  {
    switch(GPIO_key)
    {
        case 0xde : value_key = 5; break;           //当第 1 行为 "0" 时
        case 0xdd : value_key = 6; break;           //当第 2 行为 "0" 时
        case 0xdb : value_key = 7; break;           //当第 3 行为 "0" 时
        case 0xd7 : value_key = 8; break;           //当第 4 行为 "0" 时
  default : break;
    }
  }
}

GPIO_key = 0xbf;                                    //当第 3 列为 "0" 时
if(GPIO_key != 0xbf)
{
  delay(5);
  if(GPIO_key != 0xbf)
  {
    switch(GPIO_key)
    {
        case 0xbe : value_key = 9; break;           //当第 1 行为 "0" 时
        case 0xbd : value_key = 10; break;          //当第 2 行为 "0" 时
        case 0xbb : value_key = 11; break;          //当第 3 行为 "0" 时
```

```
                case 0xb7 : value_key = 12; break;        //当第4行为"0"时
                default : break;
            }
        }
    }

    GPIO_key = 0x7f;                                       //当第4列为"0"时
    if(GPIO_key != 0x7f)
    {
        delay(5);
        if(GPIO_key != 0x7f)
        {
            switch(GPIO_key)
            {
                case 0x7e : value_key = 13; break;  //当第1行为"0"时
                case 0x7d : value_key = 14; break;  //当第2行为"0"时
                case 0x7b : value_key = 15; break;  //当第3行为"0"时
                case 0x77 : value_key = 16; break;  //当第4行为"0"时
                default : break;
            }
        }
    }
    return value_key;              //获取按键值
}
//结束

//主函数
void main(void)
{
    uint dat = 0;                  //作为显示的数据
    uint i;
    uchar a=0;
    P2 = 0xFE;
    for(i=0;i<8;i++)
    {
        P2<<=1;                    //用移位法将1向高位移一位
        delay(10000);
    }
    P2=0xff;                       //LED测试完毕
    delay(50000);

    P2=0x00;           //数码管输出，准备测试每一位
    SMG_g=0;           //测试个位数码管
    delay(10000);
    SMG_g=1;           //关闭数码管，测试个位完毕
```

```c
    SMG_s=0;              //十位
    delay(10000);
    SMG_s=1;             //

    SMG_b=0;              //百位
    delay(10000);
    SMG_b=1;             //

    SMG_q=0;              //千位数码管
    delay(10000);
    SMG_q=1;             //关闭数码管，测试千位完毕
    P2=0xff;
    delay(10000);

    SPK=0;               //测试蜂鸣器
    delay(10000);
    SPK=1;               //关闭蜂鸣器
    delay(10000);

    JDQ=0;               //测试继电器
    delay(10000);
    JDQ=1;               //关闭继电器

    dat = AnJian();
    while(dat)           //循环扫描按键及显示
    {
      dat = AnJian();
      if(dat >= 16)
        break;
      if(dat>9)
      {
        l_posit = 2 ;
        display(dat);
        delay(100);
      }
      l_posit = 3;
      display(dat);

    }
}
```

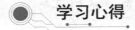

任务小结

　　单片机学习板是学习单片机的重要工具，自制并调试单片机学习板电路可以更好地理解单片机学习板外围电路的工作原理，以及单片机控制电路的原理。本任务最重要也最难的部分是单片机学习板电路第一部分的焊接，因为大部分是贴片元件，所以焊接难度相对大一些，但是只要细心、耐心，大部分学生都是可以焊接成功的。

学习心得

_____

_____

课后练习

　　1．在单片机测试 4 位共阳极数码管时，程序设计显示 4 个 8，但在实际显示时，4 个 8 都缺下面一横，即数码管的 d 段发光二极管始终不亮，这是为什么呢？怎样解决？

　　2．在单片机测试 4 位共阳极数码管时，千位数码管始终不亮，这是为什么呢？怎样解决？

　　3．在单片机测试继电器电路时，继电器线圈始终不得电，这是为什么呢？怎样解决？

　　4．单片机学习板不能下载程序，可能是哪些模块接触不好或有焊接错误？怎样解决？

模块 4
扩展应用部分

项目 12 数字电压表电路的安装与调试

学习目标

- ◆ 学习模数转换原理。
- ◆ 学习模数转换芯片 ADC0809 的结构及使用方法。
- ◆ 学习液晶屏 LCD1602 的接线与控制编程。
- ◆ 学习数字电压表电路的安装与调试。

知识点脉络图

本项目知识点脉络图如图 12-1 所示。

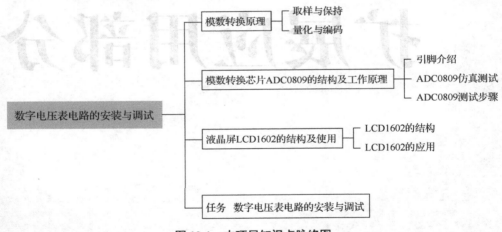

图 12-1 本项目知识点脉络图

相关知识点

图 12-2 所示为数字电压表电路原理图,该电路包含 STC89C52RC 单片机芯片、ADC0809 模数转换芯片,LCD1602 液晶屏等元器件;完成直流 5V 以内电压的测量,并将测量值显示在液晶屏上。

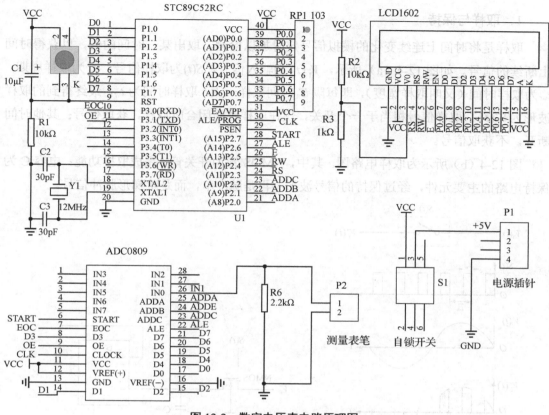

图 12-2　数字电压表电路原理图

◆ 12.1　模数转换原理

将模拟信号转换为数字信号的过程称为模数转换，简称 A/D 转换，能够完成这种转换的电路称为模数转换器（Analog Digital Converter），简称 ADC。将数字信号转换为模拟信号的过程称为数模转换，简称 D/A 转换，能够完成这种转换的电路称为数模转换器（Digital Analog Converter），简称 DAC。

利用传感器将连续变化的物理量（如温度、速度、压力、位移等非电量）转换为连续变化的模拟电信号，并经过模数转换器将模拟量转换为数字量，实现单片机自动控制。模数转换需要经过 4 个过程：取样、保持、量化、编码，如图 12-3 所示。

图 12-3　模数转换过程

1. 取样与保持

取样是将时间上连续变化的模拟信号定时加以检测，取出某一时间的值，以获得时间上断续的信号。如图 12-4（a）所示，$V_i(t)$ 为输入信号，$S(t)$ 为取样信号，T_s 为取样周期，t_w 为取样时间（又叫取样宽度），即每隔 T_s 时间取样一次，取样时间为 t_w，最终得到的取样波形为 $V_i'(t)$。取样信号相当于一个开关，仅在取样时间闭合时取样，获取信号；其他时间断开，不获取信号。

图 12-4（b）所示为取样电路图。其中，NMOS 管为开关管，完成取样功能；电容 C 为保持电路的主要元件，经过保持的信号波形不再是脉冲串，而是阶梯形脉冲信号。

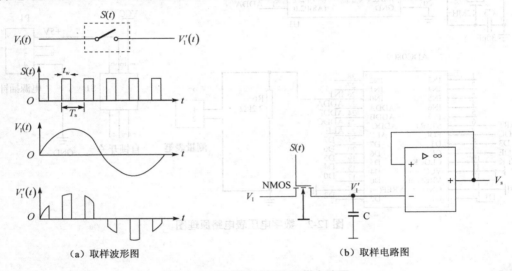

（a）取样波形图　　　　　　　　　　（b）取样电路图

图 12-4　取样波形图和取样电路图

2. 量化与编码

量化就是将取样、保持后的时间上离散、幅度上连续变化的阶梯形脉冲信号取整为离散量的过程，即将取样、保持后的信号转换为某个最小单位电压 $\varDelta$ 的整数倍的过程。将量化后的信号数值用二进制代码表示即编码。

例如，将 0～1V 的模拟电压信号转换为 3 位二进制代码，如图 12-5 所示。其中，图 12-5（a）以(1/8)V 为最小参考值，大于(1/8)V，二进制的值就加 1，模拟量的值在哪个范围，就对应其右边的二进制编码；图 12-5（b）以(1/15)V 为最小参考值，进行四舍五入，大于(1/15)V，二进制的值就加 1，小于(1/15)V 的不加 1。很明显，图 12-5（b）的编码精度会更高一点，(1/15)V 的变化就会引起编码的变化。

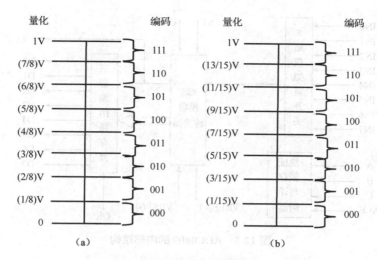

图 12-5 量化与编码举例

常见模数转换器有并行比较型模数转换器、逐次逼近型模数转换器和双积分型模数转换器。模数转换器的主要指标如下。

（1）输入模拟电压范围。输入模拟电压范围指模数转换器允许的最大输入模拟电压范围，超出这个范围，模数转换器将不能正常工作。

（2）转换精度。模数转换器的转换精度一般用分辨率来描述。分辨率也称分解度，用输出数字量的位数 n 来表示，主要用来描述模数转换器在理论上能够达到的最高精度。输出数字量的位数越多，误差就越小，转换精度也就越高。

（3）转换速度。完成一次模数转换所需的时间称为转换速度，是指从输入转换控制信号到输出端得到稳定的数字信号所需的时间。并行比较型模数转换器的转换速度最快，可以达到 50ns；逐次逼近型模数转换器的转换速度次之，为 10～100μs；双积分型模数转换器的转换速度较慢，在数十毫秒到数百毫秒之间。

 ## 12.2 模数转换芯片 ADC0809 的结构及工作原理

ADC0809 是逐次逼近型 8 位模数转换器。它具有与微处理机兼容的控制逻辑，可以和单片机接口直接连接，其内部结构如图 12-6 所示。ADC0809 由 8 路模拟量开关、地址锁存与译码器、8 路模数转换器和三态输出锁存器组成。8 路模拟量开关可选通 8 个模拟通道，允许 8 路模拟量分时输入，公用一个 8 路模数转换器进行转换。三态输出锁存器用于锁存模数转换的数字量，只有当 OE 控制端为高电平时，才可以从三态输出锁存器中取走转换完成的数据。

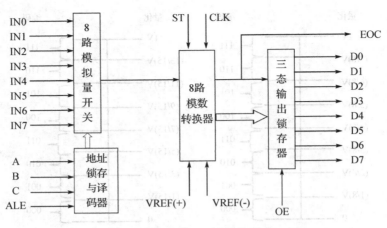

图 12-6 ADC0809 的内部结构

1．引脚介绍

- **IN0～IN7**：模拟信号输入端。
- **D0～D7**：8 位数字信号输出端。
- **ST**：模数转换控制端。当 ST 为上升沿时，各寄存器清零；当 ST 为下降沿时，开始进行模数转换。
- **EOC**：转换标志端。进行模数转换时，EOC=0；转换结束后，EOC=1。
- **OE**：输出允许控制端，用于打开三态输出锁存器。当 OE=1 时，输出转换结果，转换结果为 8 位二进制数。
- **CLK**：时钟信号输入端（一般为 500kHz）。
- **VREF(+)**：参考电压正端。
- **VREF(−)**：参考电压负端。
- **VCC**：芯片电源正端（+5V）。
- **GND**：芯片接地端。
- **ALE**：地址锁存允许信号输入端。当 ALE=1 时，锁存输入地址信号，从而打开地址信号对应的输入端，进行数据输入（数据取样）。

2．ADC0809 仿真测试

在 Proteus 中，按图 12-7 接线。

- 11 脚接+5V，13 脚接地。
- 6 脚为 ST（START），即模数转换控制端。
- 9 脚为 OE（OUTPUT ENABLE），即输出允许控制端。
- 22 脚为 ALE，即地址锁存允许信号输入端。
- 26 脚为 IN0，接可调电阻的中心抽头。

◆ 23～25 脚分别为地址选择器的 ADDC、ADDB、ADDA，都接地（000，即本例选中了 IN0 通道，信号从该脚输入）。

◆ 10 脚为 CLK（CLOCK）时钟信号输入端，接 500kHz 的脉冲信号。

◆ 12 脚为 VREF(+)，接电源正极（+5V）。

◆ 16 脚为参考电压的负端（VREF-），直接与地接在一起。

◆ 8、14、15、17、18～21 这 8 个引脚用于输出 8 位二进制数，接指示灯。指示灯亮时相应引脚输出为 "1"，指示灯不亮时相应引脚输出为 "0"。

◆ 7 脚为 EOC，接指示灯。当指示灯亮时，说明转换结束，可以读取转换结果。

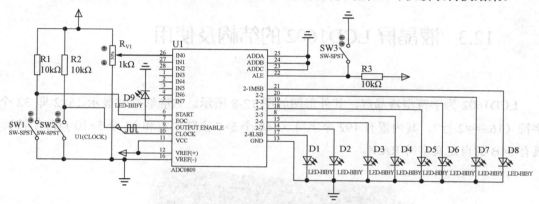

图 12-7 ADC0809 仿真测试电路

3．ADC0809 测试步骤

（1）调节可调电阻 R_{V1}，使 R_{V1} 的中心抽头与地之间的电压为 1V（用虚拟电压表来测量）。

（2）将转换器初始化，使 ST（6 脚）和 OE（9 脚）全为低电平。

（3）使 ALE（22 脚）为高电平时，此时地址选择器生效，由地址选择端 ADDC、ADDB、ADDA 的组合决定选择 IN0～IN7 中的一路通道，进行信号取样，并进行转换。这里的组合为 000，即选中 IN0。

（4）先将 ST 置 "1"（保留 100ns）（寄存器清零操作），再将 ST 置 "0" 并保持一段时间。开始进行模数转换，EOC 为 "0"；模数转换结束后，EOC 为 "1"，将 ALE 置 "0"（关闭地址选择器）。

（5）将 OE（9 脚）置 "1"，输出转换结果，即 8 位二进制数输出，并记录（灯亮为 "1"，灯不亮为 "0"）。

（6）重复前 5 步，看输出结果是否一致（检测转换是否稳定）。如果稳定，就把 R_{V1} 的中心抽头与地之间的电压分别调为 2V、3V、4V，5V，分别重复步骤（2）～（5），并把测试结果记录在表 12-1 中。全部测试完成后，比较一下，看随着输入电压的升高，输出的 8

位二进制数的值是否逐渐增大。

表 12-1 模数转换结果记录

R_{V1} 输入电压/V	D_7	D_6	D_5	D_4	D_3	D_2	D_1	D_0
1								
2								
3								
4								
5								

12.3 液晶屏 LCD1602 的结构及使用

LCD1602 为字符型液晶屏，其外形图如图 12-8 所示。它能够同时显示 16×2 即 32 个字符（16 字×2 行），其内置有 192 个字符（160 个 5×7 点阵字符和 32 个 5×10 点阵字符），具有 64B 的自定义字符 RAM。

图 12-8 LCD1602 的外形图

1. LCD1602 的结构

LCD1602 有 16 个引脚，各引脚说明如表 12-2 所示。其中，D0～D7 为数据引脚，RS、R/W、E 为控制引脚，其相应组合能完成一定的功能。LCD1602 的工作状态及控制引脚组合如表 12-3 所示，其中，写指令和写数据为常用工作状态。在图 12-9 中，LCD1602 的内部 RAM 共有 80 个地址，分别对应第 1 行的 0x00～0x27（40 个地址）和第 2 行的 0x40～0x67（40 个地址），两行 RAM 中仅有存储在前 16 位地址中的内容能显示出来，而存储在后 24 位地址中的内容不显示，这种结构方便屏幕滚动效果的实现。

表 12-2 LCD1602 各引脚说明

编 号	符 号	引脚说明	编 号	符 号	引脚说明
1	VSS	电源地	3	VL	液晶显示偏压
2	VCC	电源正极	4	RS	数据/命令选择

续表

编　号	符　号	引脚说明	编　号	符　号	引脚说明
5	R/W	读/写选择	11	D4	数据
6	E	使能信号	12	D5	数据
7	D0	数据	13	D6	数据
8	D1	数据	14	D7	数据
9	D2	数据	15	BLA	背光源正极
10	D3	数据	16	BLK	背光源负极

表 12-3　LCD1602 的工作状态及控制引脚组合

工作状态	输入组合	输　出
读状态	RS=L，R/W=H，E=H	$D_0 \sim D_7$=状态字
写指令	RS=L，R/W=L，$D_0 \sim D_7$=指令码，E=高脉冲	无
读数据	RS=H，R/W=H，E=H	$D_0 \sim D_7$=数据
写数据	RS=H，R/W=L，$D_0 \sim D_7$=数据，E=高脉冲	无

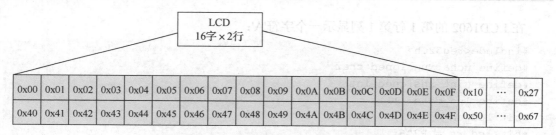

图 12-9　LCD1602 内部 RAM 地址映射图

2．LCD1602 的应用

表 12-4 所示为 LCD1602 常用指令码，通过对 LCD1602 写入相应指令码来设置其显示样式。写操作时序步骤如下。

（1）R/W=“0”，设置为写模式。

（2）当 RS=“1”时，将 D0～D7 的数据写入 LCD1602；当 RS=“0”时，将 D0～D7 的命令写入 LCD1602。

（3）给 6 脚一个高电平信号，即将数据或命令送入液晶控制器，完成写操作。

表 12-4　LCD1602 常用指令码

指　令　码	指　令　码（二进制）								功　　能
0x38	0	0	1	1	1	0	0	0	设置 16×2 显示，5×7 点阵，8 位数据接口
0x0F（显示光标、光标闪烁）	0	0	0	0	1	D	C	B	D=1 开显示；D=0 关显示　C=1 显示光标；C=0 不显示光标　B=1 光标闪烁；B=0 光标不显示

指 令 码	指 令 码（二进制）								功　能
0x06 （显示光标，写一个字符时，光标加 1，整屏显示不移动）	0	0	0	0	0	1	N	S	$N=1$：当读或写一个字符后地址指针加 1，且光标加 1 $N=0$：当读或写一个字符后地址指针减 1，且光标减 1 $S=1$：当写一个字符时，整屏显示左移（$N=1$）或右移（$N=0$），以得到光标不移动而屏幕移动的效果 $S=0$：当写一个字符时，整屏显示不移动
0x10	0	0	0	1	0	0	0	0	光标左移
0x14	0	0	0	1	0	1	0	0	光标右移
0x18	0	0	0	1	1	0	0	0	整屏左移，同时光标跟随移动
0x1C	0	0	0	1	1	1	0	0	整屏右移，同时光标跟随移动
0x01	0	0	0	0	0	0	0	1	清除整个显示

在 LCD1602 的第 1 行第 1 列显示一个字符'A'：

```c
#include<reg52.h>
#define uchar unsigned char
#define uint unsigned int
#define lcd_date P0
sbit lcd_en = P2^7;
sbit lcd_rs = P2^6;
sbit lcd_wr = P2^5;

void delay(uint z)              //延时函数
{
    uint i,j;
    for(i=z;i>0;i--);
      for(j=110;j>0;j--);
}
void write_com(uchar com)       //写指令函数
{
    lcd_date = com;             //指令编号
    lcd_rs = 0;                 //指令
    lcd_wr = 0;                 //写操作
    lcd_en = 0;                 //将使能端置"0"
    delay(1);                   //延时 10μs
    lcd_en = 1;                 //将使能端置"1"，写入指令
    delay(1);                   //延时 10μs
    lcd_en = 0;                 //将使能端置"0"
}
```

```
void write_date(uchar date)        //写数据函数
{
    lcd_date = date;               //需要显示的数据
    lcd_rs = 1;                    //数据
    lcd_wr = 0;                    //写操作
    lcd_en = 0;                    //将使能端置"0"
    delay(1);                      //延时 10μs
    lcd_en = 1;                    //将使能端置"1"  写入数据
    delay(1);                      //延时 10μs
    lcd_en = 0;                    //将使能端置"0"
}

void lcdInit()                     //LCD1602 将初始化函数
{
    write_com(0x38);               //设置 16×2 显示,5×7 点阵,8 位数据接口
    write_com(0x0e);               //设置显示状态打开,显示光标,光标不闪烁
    write_com(0x06);               //完成一个显示码后,光标右移,整屏不移动
    write_com(0x01);               //清除整个显示,地址 AC 计数器清零
}

void main()                        //主函数
{
    uint i;
    lcdInit();                     //运行 LCD1602 初始化程序
    write_com(0x80+0x01);          //地址 AC 设定为第 1 行第 1 列
    write_date('A');               //显示字符为'A'
    while(1);
}
```

 # 任务　数字电压表电路的安装与调试

1. 数字电压表电路的安装与焊接

根据表 12-5 检查元器件是否齐全,元器件齐全后,按如图 12-2 所示的电路原理图接线。先根据电路原理图规划好位置,然后焊接单片机最小系统(注意芯片的方向,最好用芯片插座),接着焊接 ADC0809 模数转换电路(注意芯片的方向,最好用芯片插座),再焊接 LCD1602 电路(焊接 LCD1602 插座),最后完成其他电路的焊接。

表 12-5　数字电压表电路元器件清单

序　号	元器件名称	元器件标识	元器件封装	数　量
1	1kΩ 电阻	R3	直插	1 个

续表

序 号	元器件名称	元器件标识	元器件封装	数 量
2	10kΩ 电阻	R1、R2	直插	2 个
3	2.2kΩ 电阻	R6	直插	1 个
4	10μF 电容	C1	直插	1 个
5	30pF 电容	C2、C3	直插	2 个
6	排阻 103（10kΩ）	RP1	9 脚	1 个
7	电源排针	P1	—	1 个
8	测量表笔	P2	可用两根导线代替	1 个
9	ADC0809 芯片插座	ADC0809	28 脚芯片插座（宽）	1 个
10	LCD1602 插座	LCD1602	16 脚插孔	1 个
11	自锁开关	S1	—	1 个
12	STC89C52RC	U1	40 脚芯片插座	1 个
13	12MHz 晶振	Y1	直插	1 个
14	复位开关	K	直插	1 个

2. 数字电压表电路的调试

第 1 步，测试所安装电路是否有电源短路。

电路焊接完成后，把自锁开关合上，用数字万用表的电阻挡或测通断/二极管挡测量排针 P1 的 1 脚和 4 脚是否短接，若是，则用电阻挡测得这两脚之间的电阻接近零。在用测通断/二极管挡测该两脚时，若蜂鸣器响起，则可判断电路的电源两端有短路，此时需要根据电路原理图进行电路检查，排除错误。

第 2 步，下载测试程序。

电路无电源短路后，把单片机芯片放置到前面课程制作的单片机学习板的单片机芯片插座中（注意方向不要放反了），进行测试程序的下载。具体的下载步骤参考项目 11 相关内容。

数字电压表电路的测试程序如下：

```
#include<reg52.h>              //包含头文件
#define uint unsigned int
#define uchar unsigned char    //宏定义
sbit ale=P2^6;
sbit start=P2^7;
sbit eoc=P3^0;
sbit oe=P3^1;                  //定义 ADC0809 的控制引脚
sbit adda=P2^0;
sbit addb=P2^1;
sbit addc=P2^2;                //定义 ADC0809 的地址引脚
sbit rs=P2^3;
sbit rw=P2^4;
```

```
sbit en=P2^5;                                    //定义 LCD1602 的控制引脚

uint voltdata,realvolt,i,j,k,l,t,sum,a[5];       //定义全局变量
uchar code t1[]={"DC Voltmeter:IN "};
uchar code t2[]={" (0~  V):  .  V "};
uchar code t3[]={"     Hello!    "};
uchar code t4[]={"     Welcome!  "};             //初始化显示
void delay(uint ms)                              //延时程序
{
    uint i,j;
    for(i=ms;i>0;i--)
    for(j=110;j>0;j--);
}
void writelcd_cmd(uchar cmd)        //向 LCD1602 写入命令的函数
{
    en=0;
    rs=0;
    rw=0;
    delay(1);
    P0=cmd;
    en=1;
    delay(1);
    en=0;
}
void writelcd_dat(uchar dat)        //向 LCD1602 写入数据的函数
{
    en=0;
    rs=1;
    rw=0;
    delay(1);
    P0=dat;
    en=1;
    delay(1);
    en=0;
}
void lcd_init()            //初始化 LCD1602 的函数
{
    writelcd_cmd(0x38);
    delay(5);
    write_com(0x38);    //设置 16×2 显示，5×7 点阵，8 位数据接口
    write_com(0x0e);    //设置显示状态打开，显示光标，光标不闪烁
    write_com(0x06);    //完成一个显示码后，光标右移，整屏不移动
    write_com(0x01);    //清除整个显示，地址 AC 计数器清零

}
```

```
uint adtrans()                  //模数转换
{
    sum=0;
    for (i=0;i<5;i++)
    {
        ale=1;
        ale=0;
        start=1;                //启动模数转换功能
        start=0;
        while(eoc==0);          //等待转换结束
        oe=1;
        a[i]=P1;                //输出转换结果
        delay(5);               //每隔5μs进行一次模数转换并采集数据，将得到的数据存入数组
    }
    for (j=0;j<4;j++)
    {
        for(i=0;i<4-j;i++)
        {
            if(a[i]>a[i+1])
            {
                t=a[i];
                a[i]=a[i+1];
                a[i+1]=t;
            }
        }
    }
    for(i=1;i<4;i++)
    {
        sum+=a[i];
    }                           //采用冒泡法进行比较，取中间3个数值
    voltdata=sum/3;
    delay(1);
    oe=0;
    voltdata=(500*voltdata)/255  //处理运算结果
    return voltdata;
}
void disvolt()                  //显示函数
{
    uchar si,san,er,yi;         //4个显示的位
    realvolt=voltdata;
    writelcd_cmd(0x80+15);
    writelcd_dat('1');
    writelcd_cmd(0xc0+4);
    writelcd_dat('0');
```

```
        writelcd_dat('5');              //显示电压和量程
    }
    si=realvolt/1000;
    san=realvolt/100%10;
    er=realvolt/10%10;
    yi=realvolt%10;                     //将电压分成 4 个一位数, 方便显示
    writelcd_cmd(0xc0+9);                //显示电压
    writelcd_dat(si+0x30);
    writelcd_dat(san+0x30);
    writelcd_cmd(0xc0+12);
    writelcd_dat(er+0x30);
    writelcd_dat(yi+0x30);
}

void init()                             //初始化函数
{
    lcd_init();                         //液晶显示初始化
    writelcd_cmd(0x80);                 //初始化显示欢迎界面
    for(i=0;i<16;i++)
    {
      writelcd_dat(t3[i]);
    }
    writelcd_cmd(0xc0);
    for(j=0;j<16;j++)
    {
      writelcd_dat(t4[j]);
    }
    delay(2000);                        //延时
    writelcd_cmd(0x80);                 //初始化显示测量界面
    for(i=0;i<16;i++)
    {
      writelcd_dat(t1[i]);
    }
    writelcd_cmd(0xc0);
    for(j=0;j<16;j++)
    {
      writelcd_dat(t2[j]);
    }
}
void main()                             //主程序
{
    init();                             //调用初始化函数
    while(1)                            //进入 while 循环
    {
      adtrans();                        //启动模数转换功能, 并获取转换结果
```

```
        disvolt();              //显示电压
    }
}
```

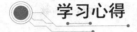

任务小结

本任务中的电路是一个单片机控制应用电路，该电路先使用模数转换芯片把被测电压模拟量转换为数字量，再把数字量接入单片机的 P1 口，通过单片机进行控制处理后发送到 LCD1602 进行显示。模数转换器和液晶显示器是单片机应用中很常用的模块，需要熟练掌握。

学习心得

_____

_____

_____

_____

课后练习

1．常用的模数转换芯片有哪些？举例说说，并说说其中一款芯片的使用步骤。

2．编程实现单片机控制 LCD1602 显示一串字符，如"welcome 51"。

3．本任务仅可测量 0～5V 的电压，如果需要测量 0～12V 的电压或 0～24V 的电压，则需要如何扩展电路？如何修改测试程序？

项目 13　超声波测距电路的安装与调试

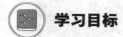 **学习目标**

◆ 学习超声波测距模块的使用方法。

◆ 学习超声波测距电路的安装与调试方法。

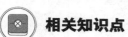 **知识点脉络图**

本项目知识点脉络图如图 13-1 所示。

相关知识点

```
                        ┌── 超声波测距模块
超声波测距电路的
安装与调试    ───────┤
                        └── 任务  超声波测距电
                            路的安装与调试
```

图 13-1　本项目知识点脉络图

图 13-2 所示为超声波测距电路原理图，该电路包含 STC89C52RC 单片机最小系统电路(可用 STC12C5A60S2 替代)、超声波测距电路、蜂鸣器控制电路、LCD1602 液晶屏显示电路等。

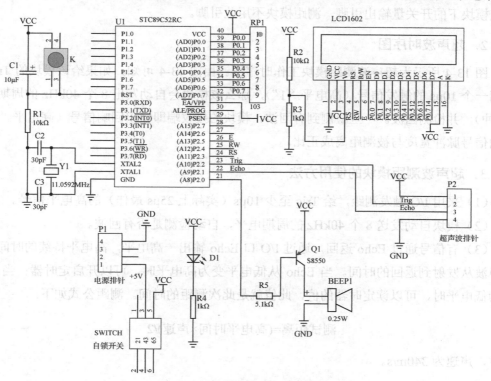

图 13-2　超声波测距电路原理图

图 13-3 所示为超声波模块外形图，本项目采用 HY-SRF05 模块，其引脚从左到右分别如下。

- ◆ VCC（1）：电源端。
- ◆ Trig（2）：控制端。
- ◆ Echo（3）：接收端。
- ◆ OUT（4）：开关量输出端。
- ◆ GND（5）：公共地。

图 13-3 超声波测距模块外形图

1．主要技术参数

（1）使用电压：DC 5V。

（2）工作电流：15mA。

（3）电平输出：高电平为 0.2V～V_{CC}，低电平<0.2V。

（4）感应角度：<15°。

（5）探测距离：2～450cm。

（6）探测精度：3mm。

超声波测距模块包含 VCC、Trig、Echo、OUT 和 GND，共 5 个引脚。其中，OUT 为防盗模块下的开关量输出引脚，测距模块不用此引脚。

2．超声波时序图

图 13-4 所示为超声波测距模块工作时序图。由图 13-4 可知，如果给该模块的 Trig 控制端一个 10μs 的触发信号（高电平"1"），那么该模块会自动发出 8 个 40kHz 的周期电平（脉冲），并检测回波。一旦检测到有回波，模块的接收端即输出回响信号（高电平"1"）。回响信号脉冲宽度与被测距离成正比。

3．超声波测距模块的使用方法

（1）采用 I/O 触发测距，给 Trig 至少 10μs（实际上 25μs 最佳）的高电平信号。

（2）模块自动发送 8 个 40kHz 的周期电平，自动检测是否有回波。

（3）有信号通过 Echo 返回，通过 I/O 口 Echo 输出一高电平，高电平持续的时间就是超声波从发射到返回的时间。当 Echo 从低电平变为高电平时，可以开启定时器；当 Echo 变为低电平时，可以读定时器的值，此值就是此次测距的时间。测距公式如下：

$$测试距离=(高电平时间×声速)/2$$

式中，声速为 340m/s。

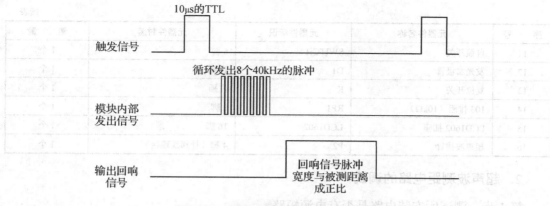

图 13-4　超声波测距模块工作时序图

 任务　超声波测距电路的安装与调试

超声波测距电路安装、焊接完成后，接通电源便开始进行超声波测距，并把所测距离显示在液晶屏上。当所测距离小于 30cm 时，蜂鸣器发出报警声。

1．超声波测距电路的安装与焊接

按表 13-1 检查元器件，无误后，按如图 13-2 所示的电路原理图接线，以单片机最小系统电路为中心定位，规划好电路整体布局，原则上按功能模块来布局，同一功能模块的元器件尽量放置在相邻区域，使得接线距离最短。电路的安装与焊接的顺序建议：电源电路，单片机最小系统电路，LCD1602 液晶屏电路、超声波测距模块电路、蜂鸣器控制电路、指示灯电路等。

表 13-1　超声波测距电路元器件清单

序　　号	元器件名称	元器件标识	元器件封装	数　　量
1	1kΩ 电阻	R3、R4	直插	2 个
2	10kΩ 电阻	R1、R2	直插	2 个
3	5.1kΩ 电阻	R5	直插	1 个
4	10μF 电容	C1	直插	1 个
5	30pF 电容	C2、C3	直插	2 个
6	PNP（S8550）	Q1	直插三极管	1 个
7	电源排针	P1	直插	1 个
8	晶振（11.0592MHz）	Y1	直插	1 个
9	STC89C52RC（插座）	U1	40 脚芯片插座	1 个
10	无源蜂鸣器（插座）	BEEP1	直插（4 孔插孔）	1 个

续表

序　号	元器件名称	元器件标识	元器件封装	数　量
11	自锁开关	SWITCH	6 脚	1 个
12	发光二极管	D1	直插	1 个
13	复位开关	K	直插	1 个
14	103 排阻（10kΩ）	RP1	9 脚	1 个
15	LCD1602 插座	LCD1602	16 脚	1 个
16	超声波排针	P2	4 脚（杜邦线连接）	1 个

2．超声波测距电路的调试

第 1 步，测试所安装电路是否有电源短路。

电路焊接完成后，把自锁开关合上，用数字万用表的电阻挡或测通断/二极管挡测量排针 P1 的 1 脚和 4 脚是否短接，若是，则用电阻挡测得这两脚之间的电阻接近零。在用测通断/二极管挡测该两脚时，若蜂鸣器响起，则可判断电路的电源两端有短路，需要根据电路原理图进行电路检查，排除错误。

第 2 步，下载测试程序。

电路无电源短路后，把单片机芯片放置到课程前面制作的单片机学习板的单片机芯片插座中（注意方向不要放反了），进行测试程序的下载。具体的下载步骤参考项目 11 中的相关内容。

3．超声波测距电路测试程序

```
#include <reg52.h>          //元器件配置文件
#include <intrins.h>
#define uint unsigned int
#define uchar unsigned char

sbit  RX = P2^1;
sbit  TX = P2^2;
sbit LCD_RW = P2^4;        //定义 LCD1602 的引脚
sbit LCD_RS = P2^3;
sbit LCD_E =  P2^5;
sbit LCD_Data = P0;
sbit  speaker = P2^0;


uchar code Cls[] = {" == WELCOME == "};
uchar code ASCII[15] =   {'0','1','2','3','4','5','6','7','8','9','.','-',
'M'};
  uint  time=0;
  unsigned long S=0;
  bit     flag=0;
```

```
uchar disbuff[4]={ 0,0,0,0,};


//写指令函数
void write_com(uchar com)
{
    LCD_Data = com;              //指令编号
    LCD_RS = 0;                  //指令
    LCD_RW = 0;                  //写操作
    LCD_E = 0;                   //将使能端置"0"
    delay(1);                    //延时 10μs
    LCD_E = 1;                   //将使能端置"1"
    delay(1);                    //延时 10μs
    LCD_E = 0;                   //将使能端置"0"
}
//写数据函数
void write_date(uchar date)
{
    LCD_Data = date;             //需要显示的数据
    LCD_RS = 1;                  //数据
    LCD_RW = 0;                  //写操作
    LCD_E = 0;                   //将使能端置"0"
    delay(1);
    LCD_E = 1;
    delay(1);
    LCD_E = 0;
}


//LCD 初始化函数
void lcdInit()
{
    write_com(0x38);  //设置 16×2 显示,5×7 点阵,8 位数据接口
    write_com(0x0e);  //设置显示状态打开,显示光标,光标不闪烁
    write_com(0x06);  //完成一个显示码后,光标右移,整屏不移动
    write_com(0x01);  //清除整个显示,地址 AC 计数器清零
}


//按指定位置显示一个字符
void DisplayOneChar(uchar X, uchar Y, uchar DData)
{
    Y &= 0x01;
    X &= 0x0F; //限制 X 不能大于 15,Y 不能大于 1
    if (!Y) X |= 0x40; //当要显示第 2 行时,地址码+0x40
    X |= 0x80; //算出指令码
    write_com(X); //发命令字
```

```
        write_date(DData); //发数据
}


//按指定位置显示一串字符
void DisplayListChar(uchar X, uchar Y, uchar code *DData)
{
    uchar ListLength;
    ListLength = 0;
    Y &= 0x1;
    X &= 0xF; //限制X不能大于15，Y不能大于1
    while (DData[ListLength]>0x19) //若到达字串尾，则退出
    {
        if (X <= 0xF) //X坐标应小于0xF
        {
            DisplayOneChar(X, Y, DData[ListLength]); //显示单个字符
            ListLength++;
            X++;
        }
    }
}


/****************计算距离并显示****************************/
void Conut(void)
{
    time=TH0*256+TL0;
    TH0=0;
    TL0=0;
    S=(time*1.85)/10;              //算出来的结果的单位是mm
    if((S>=4500)||flag==1)         //超出测量范围时显示"-"
    {
        flag=0;
        DisplayOneChar(0, 1, ASCII[11]);
        DisplayOneChar(1, 1, ASCII[10]);     //显示点
        DisplayOneChar(2, 1, ASCII[11]);
        DisplayOneChar(3, 1, ASCII[11]);
        DisplayOneChar(4, 1, ASCII[11]);
        DisplayOneChar(5, 1, ASCII[12]);     //显示距离单位为m
    }
    else
    {
        if(S < 30)
        {
            speaker =~speaker;
        }
        else
```

```
        {
         speaker = 1;
        }
        disbuff[0]=S/1000;
        disbuff[1]=S/100%10;
        disbuff[2]=S/10%10;
        disbuff[3]=S%10;
        DisplayOneChar(0, 1, ASCII[disbuff[0]]);
        DisplayOneChar(1, 1, ASCII[10]);      //显示点
        DisplayOneChar(2, 1, ASCII[disbuff[1]]);
        DisplayOneChar(3, 1, ASCII[disbuff[2]]);
        DisplayOneChar(4, 1, ASCII[disbuff[3]]);
        DisplayOneChar(5, 1, ASCII[12]);      //显示 m
    }
}
/*****************************************************/
//T0 计数器中断函数，当测距范围超过超声波测距的最大测量范围时，产生中断
void zd0() interrupt 1
{
    flag=1;                   //中断溢出标志
    RX=0;
}
/*****************************************************/
void  StartModule()          //启动超声波测距模块
{
    TX=1;                    //启动一次模块
    delayms(30);
    TX=0;
}
void Timer_Count(void)
{
    TR0=1;                  //开启计数器
    while(RX);              //当 RX 为"1"时，程序在此等待，计数器正常计数
    TR0=0;                 //当 RX 为"0"时，关闭计数器
    Conut();               //计算
}

/*****************************************************/
void main(void)
{
    Delay400Ms();          //启动，等待各硬件上电后，进入工作状态
    lcdInit();             //LCD1602 初始化
    Delay400Ms();          //延时
    DisplayListChar(0, 1, Cls);
```

```
        TMOD=0x01;              //设 T0 为方式 1, GATE=1
        TH0=0;
        TL0=0;
        ET0=1;                  //允许 T0 中断
        EA=1;                   //开启总中断
        while(1)
        {
          delayms(60);
          RX=1;
          StartModule();
          while(RX==1)
          {
            Timer_Count();
          }
        }
    }
```

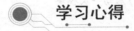 任务小结

　　本任务进行超声波测距电路的安装与测试。该任务硬件电路使用了 STC89C52RC 单片机，用来控制超声波测距模块测量障碍物到超声波测距模块的距离，并把所测得的距离显示在 LCD1602 上。在进行单片机控制编程时，需要先熟悉超声波测距模块的工作原理和使用方法。

学习心得

_____

_____

_____

课后练习

　　1．阐述超声波测距模块的工作原理。给出超声波测距模块测量距离的公式。

　　2．在本任务超声波测距电路的基础上，改为汽车倒车报警电路，在距离障碍物小于 100cm 时开始报警，在距离障碍物小于 50cm 时报警声变得急促，在距离障碍物小于 30cm 时发出停车提示。需要如何修改硬件电路？如何修改控制程序？

项目14 电风扇温度控制电路的安装与调试

学习目标

◆ 学习 DS18B20 温度测量电路的原理与应用。

◆ 学习电风扇温度控制电路的安装与调试方法。

知识点脉络图

本项目知识点脉络图如图 14-1 所示。

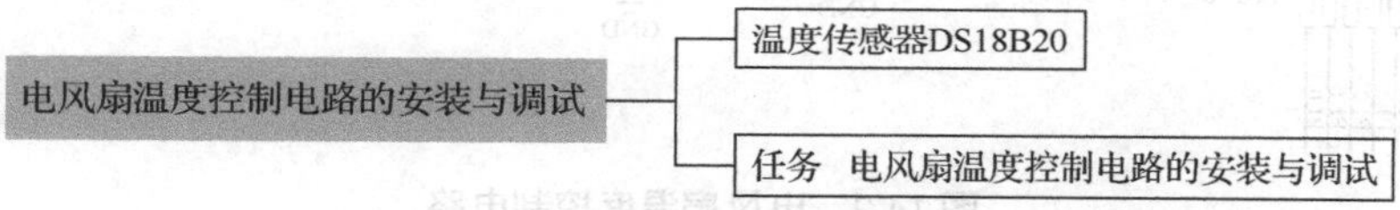

电风扇温度控制电路的安装与调试 —— 温度传感器DS18B20

—— 任务 电风扇温度控制电路的安装与调试

图 14-1 本项目知识点脉络图

相关知识点

图 14-2 所示为电风扇温度控制电路，该电路包含 STC89C52（可用 STC12C5A60S2 替代）单片机最小系统电路、DS18B20 温度测量电路，数码管电路、电风扇电路、按键电路、电源电路等。

图 14-3 所示为 DS18B20 温度传感器，它具有 3 种封装形式，分别为 TO-92、SO、μSOP。本项目以 TO-92 封装为例，平面对着读者，其引脚从左到右分别如下。

◆ GND：地。

◆ DQ：信号线。

◆ VDD：+5V 电源线。

DS18B20 提供 9～12 位的摄氏温度测量，具有一个用户可编程的、非易失性的、具有过温和低温触发报警功能的存储器。DS18B20 采用单总线通信，仅采用一条信号线（和地线）与中央处理器进行通信。该传感器的温度检测范围为-55～+125℃，并且在温度检测范围-10～85℃内，它还具有±0.5℃的精度。DS18B20 还可以直接由信号线供电而不需要外部电源供电。

每个 DS18B20 都有一个独一无二的 64 位序列号，因此，一根总线上可连接多个 DS18B20。

这使得在一个分布式的大环境里，用一个微控制器控制多个 DS18B20 变得非常简单。这些特征使得其在建筑、设备、机械等环境温度监测、温度控制系统中有着很大的应用优势。

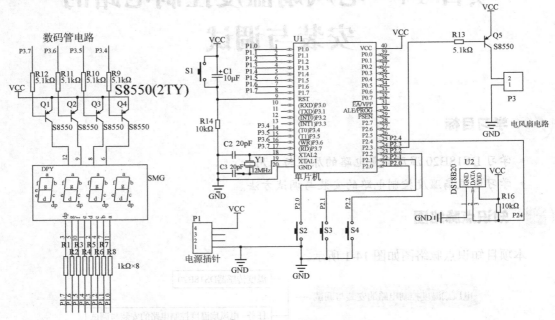

图 14-2　电风扇温度控制电路

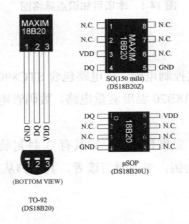

图 14-3　DS18B20 温度传感器

DS18B20 引脚介绍如表 14-1 所示。

表 14-1　DS18B20 引脚介绍

序　号	引脚名称	引脚功能描述
1	GND	电源负极
2	DQ	数据输入/输出引脚
3	VDD	电源正极

DS18B20 由 4 个主要部件组成，如图 14-4 所示。

（1）64 位光刻 ROM。64 位光刻 ROM 从高位到低位依次由 8 位 CRC、48 位序列号和 8 位家族代码（28H）组成。

（2）温度灵敏元件。

（3）高速缓存存储器。

（4）存储器和控制器。

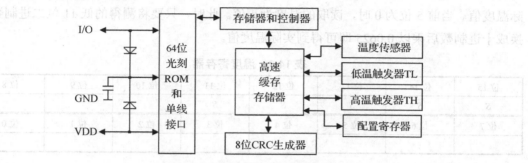

图 14-4 DS18B20 内部框架

DS18B20 的 9 字节高速缓存存储器包含了 2 字节的温度数据（低 8 位和高 8 位）、1 字节的高温触发器、1 字节的低温触发器、1 字节的配置寄存器（设置温度精度）、3 字节的保留位、1 字节的 CRC 校验位寄存器，如图 14-5 所示。

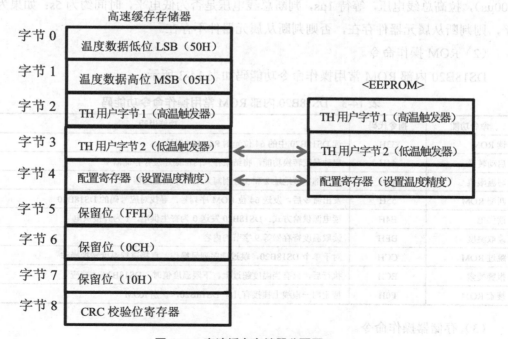

图 14-5 高速缓存存储器分配图

DS18B20 的核心功能是直接进行温度-数字测量，其温度转换可由用户自定义为 9、10、11、12 位精度，分别为 0.5℃、0.25℃、0.125℃、0.0625℃分辨率。DS18B20 在出厂时默认配置为 12 位，其中最高位为符号位，即温度值共 11 位；单片机在读取数据时，一次会读 2 字节共 16 位，读完后将低 11 位的温度值读出。另外，还需要判断温度的正负。前 5 位为符号位，这 5 位同时变化，如表 14-2 所示。当前 5 位为 1 时，读取的温度为负值，测得的低 11 位二进制数转换成十进制数后，需要减 1 后取反，并乘以 0.0625 才可得到实际温度值。当前 5 位为 0 时，读取的温度为正值。此时，只要将测得的低 11 位二进制数转换成十进制数后乘以 0.0625 即可得到实际温度值。

表 14-2　温度寄存器

位 15	位 14	位 13	位 12	位 11	位 10	位 9	位 8
S	S	S	S	S			
位 7	位 6	位 5	位 4	位 3	位 2	位 1	位 0

本项目介绍的是单总线、单从机的简单测温电路，关于其他复杂电路的测温流程，请参考 DS18B20 用户使用手册。DS18B20 测温的常用操作指令如下。

（1）初始化。

单总线上的所有处理均从初始化开始，总线主机发出一复位脉冲（低电平，延时 600～900μs）；拉高总线电压，等待 1μs，判断总线电压是否为低电平，时间约为 5s；如果为低电平，则判断从属元器件存在，否则判断从属元器件不存在。

（2）ROM 操作命令。

DS18B20 内部 ROM 常用操作命令功能码如表 14-3 所示。

表 14-3　DS18B20 内部 ROM 常用操作命令功能码

命令功能	指令代码	功能说明
读 ROM	33H	读 DS18B20 中的 64 位光刻 ROM 序列号
启动转换	44H	启动温度转换功能，将结果存入内部高速缓存存储器中
写温限值	4EH	向内部字节地址 2 和 3 分别写入上、下限温度值
匹配 ROM	55H	发出命令后，发送 64 位 ROM 序列号，寻找对应号码的 DS18B20
读供电	B4H	读电源供给方式：DS18B20 发送 0 为寄生供电，1 为外接供电
读取温度	BEH	读取温度寄存器等 9 字节的内容
跳过 ROM	CCH	对于单个 DS18B20，跳过读序列号操作，直接进行温度转换操作
报警搜索	ECH	执行后，只有当温度超过上、下限温度值时，DS18B20 才响应
搜索 ROM	F0H	搜索同一根线上挂接有几个 DS18B20，识别 ROM

（3）存储器操作命令。

存储器操作命令如表 14-4 所示。

表 14-4　存储器操作指令

主机方式	数　　据	注　　释
TX	CCH	Skip ROM（跳过 ROM）命令
TX	44H	Convert T（温度变换）命令
RX	（1 个数据字节）	读"忙"标志 3 次。主机一个接一个地连续读 1 字节（或位），直到数据为 FF（全部为"1"）
TX	Reset（复位）	复位脉冲
RX	Presence（存在）	存在脉冲
TX	BEH	读存储器命令
RX	（9 个数据字节）	—
TX	复位	—
RX	Presence（存在）	完成操作

任务　电风扇温度控制电路的安装与调试

电风扇温度控制电路能测出当前环境温度，当环境温度高于设定的最高温度时，电风扇全速运行；当环境温度低于设定的最高温度且高于设定的最低温度时，电风扇中速运行；当环境温度低于设定的最低温度时，电风扇停止运行。K1 为设置键，按一下 K1，设置最高温度；按两下 K1，设置最低温度。按一下 K2，温度升高；按一下 K3，温度降低。电风扇正常运行时，能显示当前环境温度。

1. 电风扇温度控制电路的安装与焊接

按表 14-5 检查元器件，无误后，按如图 14-2 所示的电路原理图接线，以单片机最小系统电路为中心定位，规划好电路整体布局，原则上按功能模块来布局，同一功能模块的元器件尽量放置在相邻区域，使得接线距离最短。电路的安装与焊接的顺序建议：电源电路、单片机最小系统电路、数码管电路、温度测量电路、电风扇电路等。

表 14-5　电风扇温度控制电路元器件清单

序　　号	元器件名称	元器件标识	元器件封装	数　　量
1	1kΩ 电阻	R1～R8	直插	8 个
2	10kΩ 电阻	R14、R16	直插	2 个
3	5.1kΩ 电阻	R9～R13	直插	5 个
4	10μF 电容	C1	直插	1 个
5	20pF 电容	C2、C3	直插	2 个
6	PNP（S8550）	Q1～Q5	直插三极管	5 个
7	电源排针	P1	直插	1 个

序　号	元器件名称	元器件标识	元器件封装	数　量
8	晶振（12MHz）	Y1	直插	1个
9	STC89C52RC（插座）	U1	40脚芯片插座	1个
10	电风扇	P3	电风扇插座	1个
11	4位共阳极数码管	SMG	4位数码管插孔	1个
12	按键开关	S1～S4	直插	4个
13	DS18B20温度传感器	U2	3脚插孔	1个

2. 电风扇温度控制电路的调试

第1步，测试所安装电路是否有电源短路。

电路焊接完成后，把自锁开关合上，用数字万用表的电阻挡或测通断/二极管挡测量排针P1的1脚和4脚是否短接，若是，则用电阻挡测得这两脚之间的电阻接近零。在用测通断/二极管挡测该两脚时，若蜂鸣器响起，则可判断电路的电源两端有短路，需要根据电路原理图进行电路检查，排除错误。

第2步，下载测试程序。

电路无电源短路后，把单片机芯片放置到课程前面制作的单片机学习板的单片机芯片插座中（注意方向不要放反了），进行测试程序的下载。具体的下载步骤参考项目11中的相关内容。

电风扇温度控制电路测试程序：

```
#include <reg52.h>                    //包含单片机头文件
#define uchar unsigned char           //无符号字符型宏定义，变量范围为0～255
#define uint  unsigned int            //无符号整型宏定义，变量范围为0～65535
//数码管段选定义     0～9   uchar code smg_du[]={0x03,0x9f,0x25,0x0d,0x99,
0x49,0x41,0x1f,0x01,0x09}
//数码管位选定义
uchar code smg_we[]={0xfe,0xfd,0xfb,0xf7};
uchar dis_smg[8] = {0x28,0xee,0x32,0xa2,0xe4,0x92,0x82,0xf8};
uchar smg_i = 3;                      //显示数码管的个数
sbit dq  = P2^4;                      //DS18B20的I/O口的定义
bit flag_lj_en;                       //按键连加使能
bit flag_lj_3_en;                     //连按3次，连加后使能，加的数就越大
uchar key_time,key_value;             //用于连加的中间变量
bit key_500ms ;
sbit pwm = P2^3;
uchar f_pwm_l ;                       //电风扇过程参数
uint temperature ;                    //温度变量
bit flag_300ms ;
uchar menu_1;                         //菜单设计的变量
uint t_high = 300,t_low = 100;        //温度上、下限报警值
```

```
/************************DS18B20 初始化函数*************************/
void init_18b20()
{
    bit q;
    dq = 1;                 //把总线电压拉高
    delay_uint(1);          //15μs
    dq = 0;                 //给复位脉冲
    delay_uint(80);         //750μs
    dq = 1;                 //把总线电压拉高，等待
    delay_uint(10);         //110μs
    q = dq;                 //读取 DS18B20 初始化信号
    delay_uint(20);         //200μs
    dq = 1;                 //把总线电压拉高，释放总线
}
/**************读取 DS18B20 内的数据***************/
uchar read_18b20()
{
    uchar i,value;
    for(i=0;i<8;i++)
    {
      dq = 0;               //把总线电压拉低，准备读总线数据
      value >>= 1;          //读数据是从低位开始的
      dq = 1;               //释放总线
      if(dq == 1)           //开始读/写数据
        value |= 0x80;
      delay_uint(5);        //60μs（读一个时间隙最少要保持 60μs）
    }
    return value;           //返回数据
}
/*************读取温度，读出来的是小数***************/
uint read_temp()
{
    uint value;
    uchar low;   //在读取温度时，如果中断得太频繁，就应该把中断关了，否则会影响 DS18B20
                 的时序
    init_18b20();           //初始化 DS18B20
    write_18b20(0xcc);      //跳过 64 位 ROM
    write_18b20(0x44);      //启动一次温度转换命令
    delay_uint(50);         //500μs
    init_18b20();           //初始化 DS18B20
    write_18b20(0xcc);      //跳过 64 位 ROM
    write_18b20(0xbe);      //发出读取高速缓存存储器命令

    low = read_18b20();     //读温度低字节
    value = read_18b20();   //读温度高字节
```

```
        value <<= 8;              //把温度的高位左移 8 位
        value |= low;             //把读出的温度低位放到 value 的低 8 位中
        value *= 0.625;           //转换为温度（小数）
        return value;             //返回读出的温度（带小数）
}
/****************按键处理数码管显示函数****************/
void key_with()
{
    if(key_can == 1)             //设置按键
    {
      f_pwm_l = 30;
      menu_1 ++;
      if(menu_1 >= 3)
      {
        menu_1 = 0;
        smg_i = 3;               //数码管显示 3 位
      }
    }
    if(menu_1 == 1)              //设置高温报警
    {
      smg_i = 4;                 //数码管显示 4 位
      if(key_can == 2)
      {
        if(flag_lj_3_en == 0)
            t_high ++ ;          //按键按下未松开自动加 3 次
        else
            t_high += 10;        //按键按下未松开自动加 3 次后每次自动加 10
        if(t_high > 990)
            t_high = 990;
      }
      if(key_can == 3)
      {
        if(flag_lj_3_en == 0)
            t_high -- ;          //按键按下未松开自动减 3 次
        else
            t_high -= 10;        //按键按下未松开自动减 3 次后每次自动减 10
        if(t_high <= t_low)
            t_high = t_low + 1;
      }
      dis_smg[0] = smg_du[t_high % 10];             //取小数显示
      dis_smg[1] = smg_du[t_high / 10 % 10] & 0xdf; //取个位显示
      dis_smg[2] = smg_du[t_high / 100 % 10] ;      //取十位显示
      dis_smg[3] = 0x64;      //H
    }
    if(menu_1 == 2)             //设置低温报警
```

```c
    {
        smg_i = 4;                            //数码管显示 4 位
        if(key_can == 2)
        {
            if(flag_lj_3_en == 0)
                t_low ++ ;                    //按键按下未松开自动加 3 次
            else
                t_low += 10;                  //按键按下未松开自动加 3 次后每次自动加 10
            if(t_low >= t_high)
                t_low = t_high - 1;
        }
        if(key_can == 3)
        {
            if(flag_lj_3_en == 0)
                t_low -- ;                    //按键按下未松开自动减 3 次
            else
                t_low -= 10;                  //按键按下未松开自动减 3 次之后每次自动减 10
            if(t_low <= 10)
                t_low = 10;
        }
        dis_smg[0] = smg_du[t_low % 10];           //取小数显示
        dis_smg[1] = smg_du[t_low / 10 % 10] & 0xdf;   //取个位显示
        dis_smg[2] = smg_du[t_low / 100 % 10] ;    //取十位显示
        dis_smg[3] = 0x0C;       //L
    }
}
/****************电风扇控制函数****************/
void fengshan_kz()
{
    if(temperature >= t_high)              //电风扇全速运行
    {
        TR1 = 1;
        pwm = 0;
    }
    else if((temperature < t_high)    && (temperature >= t_low))//电风扇中速运行
    {
        f_pwm_l = 60;
        TR1 = 1;
    }
    else if(temperature < t_low)          //电风扇停止运行
    {
        TR1 = 0;
        pwm = 1;
    }
}
```

```
/***************主函数***************/
void main()
{
    time_init();                    //初始化定时器
    while(1)
    {
      key();                        //按键程序
      if(key_can < 10)
      {
        key_with();                 //设置报警温度
      }
      if(flag_300ms == 1)           //300ms 处理一次温度程序
      {
        flag_300ms = 0;
        temperature = read_temp();  //先读出温度
        if(menu_1 == 0)
        {
            smg_i = 3;
            dis_smg[0] = smg_du[temperature % 10];      //取温度的小数显示
            dis_smg[1] = smg_du[temperature / 10 % 10] & 0xdf;
                                    //取温度的个位显示
            dis_smg[2] = smg_du[temperature / 100 % 10] ;
                                    //取温度的十位显示

        }
      }
      fengshan_kz();                //电风扇控制函数
    }
}
/*************定时器 0 中断服务程序***************/
void time0_int() interrupt 1
{
    static uchar value;            //定时 2ms 中断一次
    TH0 = 0xf8;
    TL0 = 0x30;                    //2ms
    display();                     //数码管显示函数
    value++;
    if(value >= 150)
    {
      value = 0;
      flag_300ms = 1;
    }
    if(flag_lj_en == 1)            //按下按键使能
    {
      key_time ++;
      if(key_time >= 250) //500ms
```

```
        {
          key_time = 0;
          key_500ms = 1;  //500ms
          key_value ++;
          if(key_value > 3)
          {
              key_value = 10;
              flag_lj_3_en = 1;       //3次后，连按增加快一些
          }
      }
    }
  }
}
/******************定时器1用于单片机模拟 PWM 调节********************/
void Timer1() interrupt 3              //调用定时器 1
{
    static uchar value_l;
    TH1=0x0f;                          //定时中断一次
    TL1=0xec;
    if(pwm==1)
    {
      value_l+=3;
      if(value_l > f_pwm_l)            //高电平
      {
        value_l=0;
          pwm=0;
      }
    }
    else
    {
      value_l+=3;
      if(value_l > 100 - f_pwm_l)  //低电平
      {
        value_l=0;
        pwm=1;
      }
    }}
```

任务小结

本任务中的电路是一个单片机控制应用电路，该电路使用温度传感器 DS18B20。单片机获取温度传感器测得的环境温度后，与预设的最高温度和最低温度进行比较，控制电风扇的转速。这里是通过改变输出方波的占空比改变一个周期内电风扇通电时间的长短来改变电风扇的转速的。在进行任务程序的编写时，需要先熟悉 DS18B20 的使用方法和定时器

输出 PWM 信号的工作原理。

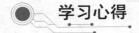

学习心得

_____

_____

_____

_____

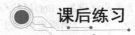

课后练习

1. 阐述温度传感器 DS18B20 的工作原理，以及单片机控制温度测量的步骤。

2. 说说定时器控制输出 PWM 信号的工作原理，以及单片机实现 PWM 控制的编程步骤。

3. 电风扇温度控制电路在焊接与调试过程中的注意事项有哪些？

项目 15 音乐盒电路的安装与调试

学习目标

◆ 学习三极管控制蜂鸣器电路。
◆ 掌握音乐盒控制编程。

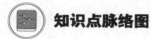
知识点脉络图

本项目知识点脉络图如图 15-1 所示。

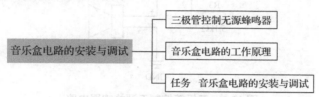

图 15-1 本项目知识点脉络图

相关知识点

图 15-2 所示为单片机控制无源蜂鸣器 BEEP 的音乐盒电路，该电路包含 STC89C52RC 单片机芯片、蜂鸣器、三极管、开关等元器件。

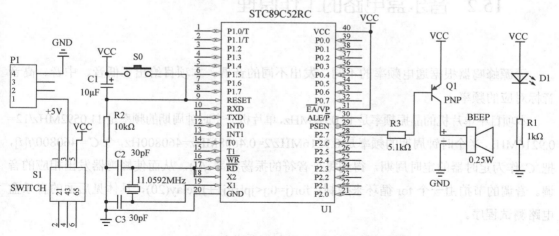

图 15-2 单片机控制无源蜂鸣器的音乐盒电路

15.1 三极管控制无源蜂鸣器

三极管具有电流放大功能，也具有开关作用。当电阻 R3 左边为低电平时，即单片机的 P2.7 输出低电平，三极管 Q1 的基极为低电平，三极管饱和导通。如图 15-3 所示，电源 VCC 经三极管 Q1 加载到蜂鸣器 BEEP 上，蜂鸣器通电发出蜂鸣声。

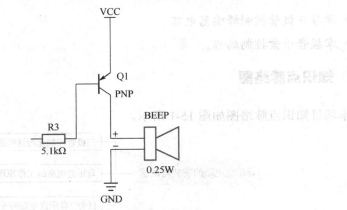

图 15-3 三极管控制无源蜂鸣器电路

当电阻 R3 左边为高电平时，即单片机的 P2.7 输出高电平，三极管 Q1 截止，电源 VCC 无法通过三极管 Q1 加载到蜂鸣器 BEEP 上，蜂鸣器失电而停止工作。

15.2 音乐盒电路的工作原理

无源蜂鸣器根据通电频率的不同，发出不同的音调。本项目给出了低音、中音、高音音标对应的频率。

本项目中单片机的晶振频率是 11.0592MHz，单片机一个时钟周期的频率是 11.0592MHz/12=0.9216MHz，半个时钟周期的频率是 0.9216MHz/2=0.4608MHz=460800Hz，令 $C=460800/f[i]$，把 C 作为定时器的定时周期，得到每个音符的振荡频率 $f(i)$，从而使蜂鸣器发出相应的音调。音调的节拍由一个 for 循环来控制：for(j=0;j<jp[j];j++) delay(20)，具体见后面的音乐盒电路测试程序。

任务 音乐盒电路的安装与调试

1. 音乐盒电路的安装与焊接

根据表 15-1 找齐所需元器件，按如图 15-2 所示的电路原理图接线。首先用单片机最小系统布局进行定位，规划好电路其他元器件的布局，原则是接线最短，同一功能模块的元器件放置在一个区域内；然后焊接单片机最小系统电路（注意芯片的方向，最好有芯片插座）、蜂鸣器控制电路、电源电路、指示灯电路等。

表 15-1 音乐盒电路元器件清单

序　号	元器件名称	元器件标识	元器件封装	数　量
1	1kΩ 电阻	R1	直插	1 个
2	10kΩ 电阻	R2	直插	1 个
3	5.1kΩ 电阻	R3	直插	1 个
4	10μF 电容	C1	直插	1 个
5	30pF 电容	C2、C3	直插	2 个
6	PNP（S8550）	Q1	直插三极管	1 个
7	电源排针	P1	直插	1 个
8	晶振（11.0592MHz）	Y1	直插	1 个
9	STC89C52RC	U1	40 脚芯片插座	1 个
10	无源蜂鸣器	BEEP	直插	1 个
11	自锁开关	S1	6 脚	1 个
12	发光二极管	D1	直插	1 个
13	复位开关	S0	直插	1 个

2. 音乐盒电路的调试

第 1 步，测试电路是否有电源短路。

电路焊接完成后，把自锁开关合上，用数字万用表的电阻挡或测通断/二极管挡测量排针 P1 的 1 脚和 4 脚是否短接，若是，则用电阻挡测得这两脚之间的电阻接近零。在用测通断/二极管挡测这两脚时，若蜂鸣器会响起，则可判断电路的电源两端有短路，需要根据电路原理图进行电路检查，排除错误。

第 2 步，下载测试程序。

电路无电源短路后，把单片机芯片放置到课程前面制作的单片机学习板的单片机芯片插座中（注意方向不要放反了），进行测试程序的下载。具体的下载步骤可参考项目 11 中的相关内容。

音乐盒电路测试程序：

```
#include <REGX52.H>
#define uchar unsigned char
#define uint unsigned int
uint C;
//以下是C调低音的音频定义
#define l_dao 262
#define l_re  282
#define l_mi  311
#define l_fa  349
#define l_sao 392
#define l_la  440
#define l_xi  494

//以下是C调中音的音频定义
#define dao 523
#define re  587
#define mi  659
#define fa  698
#define sao 784
#define la  880
#define xi  987

//以下是C调高音的音频定义
#define h_dao 1046
#define h_re  1174
#define h_mi  1318
#define h_fa  1396
#define h_sao 1567
#define h_la  1760
#define h_xi  1975


sbit hmq = P2^7;
//《渴望》片头曲的一段简谱
uint code f[]={re,mi,re,dao,l_la,dao,l_la,l_sao,l_mi,l_sao,l_la,dao,l_la,
dao,sao,la,mi,sao,re,mi,re,mi,sao,mi,l_sao,l_mi,l_sao,l_la,dao,
   l_la,l_la,dao,l_la,l_sao,l_re,l_mi,l_sao,re,re,sao,la,sao,fa,mi,sao,mi,
la,sao,mi,re,mi,l_la,dao,re,mi,re,mi,sao,mi,l_sao,l_mi,l_sao,l_la,dao,l_la,
dao,re,l_la,dao,re,mi,re,l_la,dao,re,l_la,dao,re,mi,re,0xff};
//简谱中每个音调的节拍
uchar code jp[]={4,1,1,4,1,1,2,2,2,2,2,8,4,2,3,1,2,2,10,4,2,2,4,
                 4,2,2,2,2,4,2,2,2,2,2,2,2,10,4,4,4,2,2,4,2,4,4,4,2,
                 2,2,2,2,2,10,4,2,2,4,4,2,2,2,2,6,4,2,2,4,1,1,4,10};
//延时函数
void delay(uchar z)
{
```

```c
        uchar i,j,k;
        for(i=z;i>0;i--)
          for(j=20;j>0;j--)
              for(k=248;k>0;k--);        //三重 for 循环
}
//主函数
void main()
{
        uchar i,j;
        EA = 1;                          //开启总中断
        ET0 = 1;                         //开启内部中断
        TMOD = 0x00;                     //定时器 0 工作于模式 0，定时器为 13 位
        while(1)
        {
          i=0;
          while(f[i] != 0xff)            //判断是否输出完
          {
              C = 460830/f[i];           //每个音符的播放频率
//当单片机晶振的频率为 11.0592MHz 时，半个时钟周期的频率为 460800Hz
              TH0 = (8192-C)/32;         //给定时器赋初值：2^13 = 8192（高 5 位）
              TL0 = (8192-C)%32;         //低 8 位
              TR0 = 1;                   //启动定时器
              for(j=0;j<jp[j];j++)       //每个音符的节拍
                  delay(20);
              TR0 = 0;                   //停止定时器
              i++;
          }
        }
}
//定时器中断函数
void Timer0  (void) interrupt 1 using 1
{
        hmq = ~hmq;                      //蜂鸣器取反
        TH0 = (8192-C)/32;              //给定时器装初值
         TL0 = (8192-C)%32;
}
```

● 任务小结

　　本任务中的电路是一个单片机控制应用电路。在该电路中，使用三极管控制无源蜂鸣器，三极管起开关作用。通过改变定时器的周期来得到每个音符的振荡频率，从而演奏出各种美妙的音乐。在进行单片机编程时，需要理解定时器的周期与音符的关系。

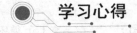 学习心得

_____

_____

_____

_____

课后练习

1．绘制一个三极管控制 LED 的电路。

2．在制作音乐盒电路时，注意事项有哪些？

3．在本项目的基础上，把电路改造为可以播放多首音乐的音乐盒，需要如何修改电路或控制程序？

附录 A   Proteus 中常用元器件说明

元器件名称或型号	说　　明
7407	驱动门
1N914	二极管
74LS00	与非门
74LS04	非门
74LS08	与门
74LS390	TTL 双十进制计数器
7SEG	4 针 BCD-LED，输出 0～9，对应 4 根线的 BCD 码
ALTERNATOR	交流发电机
AND	与门
OR	或门
NOT	非门
NOR	或非门
NAND	与非门
BATTERY	电池/电池组
BUS	总线
CAP	电容
CAPACITOR	电容器
CAPACITOR POL	极性电容
CAPVAR	可调电容
CIRCUIT BREAKER	熔断丝
COAX	同轴电缆
CON	插口
CLOCK	时钟信号源
CRYSTAL	晶振
GROUND	地
POWER	电源
LAMP	灯
LOGIC ANALYSER	逻辑分析器
LM016L	2 行 16 列液晶，可显示 2 行×16 列英文字符，有 8 位数据总线 D0～D7 和 RS、R/W、EN 三个控制端口（共 14 线），工作电压为 5V；无背光，与常用的 1602B 的功能和引脚一样（除了调背光的两个线脚）
LOGICPROBE	逻辑探针
LOGICPROBE[BIG]	逻辑探针，用来显示连接位置的逻辑状态
LOGICTOGGLE	逻辑触发

元器件名称或型号	说　　明
MOTOR	电动机
POT-LIN	三引线可变电阻
RES	电阻
RESISTOR	电阻
SWITCH	按钮，手动按一下进入一个状态
SWITCH-SPDT	二选通一按钮
VOLTMETER	伏特计
AMMETER	安培计
VTERM	串口终端
ANTENNA	天线
BELL	钟/铃
BRIDEG	整流桥
BUFFER	缓冲器
BUZZER	蜂鸣器
INDUCTOR	电感
INDUCTOR IRON	带铁芯电感
INDUCTOR3	可调电感
JFET N	N 沟道场效应管
JFET P	P 沟道场效应管
MOSFET	MOS 管
NPN	NPN 型三极管
PNP	PNP 型三极管
SW	开关
SW-DPDY	双刀双掷开关
SW-SPST	单刀单掷开关
SW-PB	按钮
THERMISTOR	电热调节器
TRANS1	变压器
TRANS2	可调变压器
TRIAC	三端双向可控硅
TRIODE	三极真空管
VAR ISTOR	变阻器
ZENER	齐纳二极管
D-FLIPFLOP	D 触发器
FUSE	熔断丝

参考文献

[1] 陶洪. 计算机电路基础[M]. 北京：机械工业出版社，2004.

[2] 黄寒华，史金芬. 计算机电路基础[M]. 北京：机械工业出版社，2006.

[3] 童诗白，华成英. 模拟电子技术基础[M]. 6 版. 北京：高等教育出版社，2023.

[4] 秦学礼. 计算机电路基础[M]. 北京：机械工业出版社，2006.

[5] 宁慧英，华莹，陈聪. 数字电子技术与应用项目教程[M]. 2 版. 北京：机械工业出版社，2021.

[6] 陈石平. 晶体管电路设计[M]. 北京：科学出版社，2024.

反侵权盗版声明

电子工业出版社依法对本作品享有专有出版权。任何未经权利人书面许可，复制、销售或通过信息网络传播本作品的行为；歪曲、篡改、剽窃本作品的行为，均违反《中华人民共和国著作权法》，其行为人应承担相应的民事责任和行政责任，构成犯罪的，将被依法追究刑事责任。

为了维护市场秩序，保护权利人的合法权益，我社将依法查处和打击侵权盗版的单位和个人。欢迎社会各界人士积极举报侵权盗版行为，本社将奖励举报有功人员，并保证举报人的信息不被泄露。

举报电话：（010）88254396；（010）88258888

传　　真：（010）88254397

E - m a i l：dbqq@phei.com.cn

通信地址：北京市万寿路 173 信箱

　　　　　电子工业出版社总编办公室

邮　　编：100036